质量计量器具检定与维修

何开宇◎著

吉林大学出版社

·长春·

图书在版编目(CIP)数据

质量计量器具检定与维修 / 何开宇著. -- 长春 : 吉林大学出版社, 2022.8
ISBN 978-7-5768-0637-3

Ⅰ. ①质… Ⅱ. ①何… Ⅲ. ①计量仪器—检定②计量仪器—维修 Ⅳ. ①TH71

中国版本图书馆CIP数据核字(2022)第178511号

书　　名　质量计量器具检定与维修
　　　　　ZHILIANG JILIANG QIJU JIANDING YU WEIXIU
作　　者　何开宇 著
策划编辑　李伟华
责任编辑　卢婵
责任校对　刘守秀
装帧设计　左图右书
出版发行　吉林大学出版社
社　　址　长春市人民大街4059号
邮政编码　130021
发行电话　0431-89580028/29/21
网　　址　http://www.jlup.com.cn
电子邮箱　jdcbs@jlu.edu.cn
印　　刷　湖北诚齐印刷股份有限公司
开　　本　787mm×1092mm　1/16
印　　张　15.25
字　　数　230千字
版　　次　2022年8月　第1版
印　　次　2022年8月　第1次
书　　号　ISBN 978-7-5768-0637-3
定　　价　68.00元

作者简介

AUTHOR

何开宇(1971.11—),男,汉族,河南兰考人,本科学历,研究方向:质量计量专业,现就职于河南省计量科学研究院,高级工程师,长期从事质量计量专业工作,从业二十余年来积累了丰富的专业知识和实践经验,多年来完成多项质量计量专业科技研发项目、规程规范起草、计量标准建立、型式评价试验、人员培训授课等。

前　言

PREFACE

计量器具在全世界都是受到法律强制力约束和保护的。我国各级计量检测机构依法对计量器具定期和不定期进行检定是国家计量法赋予的神圣权利和义务，单位和个人在计量器具的生产和销售以及使用过程中都有义务按期主动委托检测，以保证计量器具这个特殊商品的可靠应用。其实，自从有了秤的参与，商品的交换就开始有欺骗的可能。从秤的生产到近现代秤的作弊，如大小科砣以及后来的空心秤盘等，到前些年的电子衡器，利用改装内部线路、更改元器件的属性以达到改变显示数据的目的，到最近的数字化衡器，直接在衡器的控制软件中设置后门或利用软件的bug有目的地改变最终的显示数值，这些作弊或欺骗性使用衡器的事件层出不穷。另外，由于信息技术发展的突飞猛进，使得不同实力生产企业的研发和生产水平不一，也造成了生产出的计量器具产品的软件质量参差不齐，软件的质量直接影响到计量器具本身的计量特性，比如稳定性、精确度、可靠性等。

本专著是结合计量技术规范《衡器计量软件通用要求》的编制起草工作进行研究的。当前，利用计量器具软件的bug，人为达到计量特性检定合格甚至利用电子衡器在软硬件设计上的漏洞达到计量欺诈目的的违法行为屡有报道。近两年，在电子计价秤和税控加油机以及出租车计价器等涉及国计民生的主要计量器具经常有投诉举报的案例。这既有计量器具使用者本身为了追逐利益的原因，也有计量器具行业的标准和规范相对于行业发展滞后的因素。本专著主要针对当前我国计量器具软件在法制规范管理上的不足和技术规范的空白。通过对计量器具软件(电子衡器)的质量分析和检测探索确定计量技术规范的主要技术指标和相关内容,找到适合电子衡器类,特别是电子计价秤的技术规范指标和规定要求。

本专著首先针对国内外的相关标准进行了广泛的研究和学习。其次对电子衡器的软硬件系统进行了研究。全面了解了电子衡器,特别是日常生活中量大面广、老百姓投诉多的电子计价秤的软硬件结构和原理。另外还分析了近年来被相关部门查处到的计量欺诈违法行为,基本掌握了最新的作弊手法及其特点。最后通过技术分析和实例剖析,确定了电子衡器控制软件的可能作弊部位,对电子衡器的控制软件以及相关硬件提出了规定和要求。

何开宇

2022 年 6 月

目 录

CONTENTS

第一章 质量计量概述

第一节 质量解读

一、质量

(一)惯性质量的概念

在日常生活中,人们发现用同样大小的力作用在不同的物体上时,会产生不同的效果。比如:一个是垒球,另一个是铅球,用同样大小的力掷出去后其结果是垒球比铅球掷得远;又如一个普通人推动一辆摩托车并不困难,但他要想推动一辆卡车就没那么容易。日常经验给了我们一个定性的回答,即同样的力施加在不同的物体上所产生的加速度不相同。在这两个例子中,垒球所获得的加速度最大,卡车所获得的加速度几乎等于零。进一步研究表明,这是由代表它们的惯性质量不同所致。

惯性质量是物体的一种属性。[①]它可作为物体惯性的定量量度。在相同外力作用下,它代表物体对其运动状态变化的抵抗能力。惯性质量小者获得的加速度大,或者说速度变化率大,这表明它抵抗运动状态变化的能力小;惯性质量大者获得的加速度小,或者说速度变化率小,这表明它抵抗运动状态变化的能力大。

由此说明,质量大的物体,其惯性大;质量小的物体,其惯性小。从牛顿第二运动定律中更加清楚地看出加速度、力和惯性质量之间的定量关系:

$$a=K\frac{F}{m}$$

式中:F为物体所受的合外力;a为物体受力后所获得的加速度;m为物体的惯性质量;K为比例系数。当采用国际单位制为单位时,K=1,则上式可

①周雨青,刘甦,董科等.大学物理[M].南京:东南大学出版社,2019:60-61.

改成$F=ma$。由上式可见,物体的加速度与作用在其上的合力成正比;对于一个给定的力,物体的加速度与其惯性质量成反比。

(二)引力质量的概念

万有引力定律告诉我们,具有质量m_1和m_2且相隔距离为R的任意两个质点之间的力,是沿着连接该两质点的直线而作用的吸引力,其大小为

$$F=G\frac{m_1m_2}{R^2}。$$

质点是指不考虑物体的形状和体积大小,而将其质量集中于一点的物体。由公式$F=G\frac{m_1m_2}{R^2}$可见,引力F的大小与该两质点的质量成正比,而与该两质点间的距离之平方成反比。比例系数G称为万有引力常数,它必须通过给定的一对质点由实验求得。当G的数值一经确定,我们就将该值用在引力定律中以确定其他任何一对质点间的万有引力。在国际单位制中,现在公认的值为$G=(6.672\ 59\pm0.000\ 85)\times10^{-11}\mathrm{N\cdot m^2/kg^2}$。

值得指出的是两个质点之间的引力是一对作用力和反作用力。即第一个质点在第二个质点上施一沿着两者连线且指向第一个质点的力;同样,第二个质点在第一个质点上施一沿着两者连线且指向第二个质点的力;这两个力大小相等,而方向相反。因此,当你手中的重物一旦释放,它因受来自地球的引力作用而产生加速度,并垂直地落向地面;与此同时,重物也以同样大小的力吸引地球,但地球质量比重物质量大很多,因此该力使地球产生的加速度很小,小到无法察觉。

由此表明,任何质点,它既要产生引力场,因此吸引别的质点,与此同时,又要被其他质点产生的引力场所吸引。质点的这一属性称为引力质量。如果要确定有一定大小的物体之间的引力时,就要将每个物体分成许多质点,然后用积分计算所有质点之间的引力。但假如两物体的大小同它们之间的距离相比微不足道时(比如地球和太阳),则它们通常就可以看作质点。万有引力定律无形中还包含着这样一种事实,即两个质点之间的引力与其他物体的存在或所在空间的性质无关。

(三)惯性质量和引力质量的区别及其等效性

如上所述,惯性质量和引力质量是由两个完全不同的实验引入的,因而是有区别的。从物理概念上讲,不应该将这两个概念混为一谈。事实

上，它们确实反映了同一物体的两种不同的属性。

比如，我们想推动一个静止于光滑水平面上的铁块，就必须要用力。这铁块表现出具有惯性，并倾向于保持静止状态，或者，假如它正在运动的话，它就倾向于继续运动下去，这里完全没有涉及重力，但即使在无重力的空间内，为了加速这铁块，同样会觉得费力。这正是铁块的惯性质量使得我们在改变它的运动状态时有必要施力。

此外，在另一种情况下，也涉及要对这铁块施力。比如，我们要让这铁块在地面附近上空的某一高度处保持静止，如果不用力支持它，它就会加速地落向地面。显然，这时铁块的惯性不起作用，而是物体的另一个属性起作用，即它要受其他物体（这里主要是地球）的吸引。我们使铁块在空中保持静止所需之力，若不考虑惯性离心力的影响，在大小上就等于它和地球之间的吸引力。以上是惯性质量和引力质量的区别，接着再看两者的等效性。牛顿曾设计了一个实验来直接验证惯性质量和引力质量所表现出的等效性①。在单摆实验中，牛顿将摆锤做成球壳的形式。在这空球壳中，分别放进用天平仔细测定过的具有相同引力质量m'的不同物质。在这些情况下，当摆动角度相同时，作用在摆锤上的力是相同的。由于摆锤的外形始终相同，所以，作用在运动摆锤上的空气阻力也相同。当在球壳内以一种物质代替另一种物质并让其小角度摆动时，加速运动的摆锤如果有任何差别，只能由惯性质量m的差别造成，并且必然在摆锤的摆动周期变化上反映出来。一般说来，周期的测定准确度是很高的。但牛顿发现，在所有这些情况下，摆锤的摆动周期T都相同，都由下式给定，即

$$T=2\pi\sqrt{\frac{l}{g}}$$

式中：l为单摆摆长；g为所在地点的重力加速度值。因此，牛顿断定$m=m'$，即惯性质量和引力质量是彼此等效的。因为式$T=2\pi\sqrt{\frac{l}{g}}$是在承认式$T=2\pi\sqrt{\frac{m}{K}}=2\pi\sqrt{\frac{m}{\frac{m'g}{l}}}=2\pi\sqrt{\frac{l}{g}}$中的$m=m'$前提下推导而来的。即$T=2\pi\sqrt{\frac{m}{K}}=$

①范铁旸，车久昆，段辉辉，等．惯性质量与引力质量相等的实验验证[J]．大学物理实验，2012，25(06)：32-34.

$2\pi\sqrt{\frac{m}{\frac{m'g}{l}}}=2\pi\sqrt{\frac{l}{g}}$。式中：$K=m'g/l$ 为倔强系数。

在1909年，厄缶曾设计了一种准确度达到十亿分之五的测量引力的仪器①。他发现在他的仪器准确度内，相等的惯性质量总受到相等的引力作用。1964年迪克等人对厄缶实验又有所改进。他们将实验准确度又提高了数百倍，但仍很难得出相同的结论②。

经典物理学只是将引力质量同惯性质量的等效性看作一种令人惊奇的巧合，并不具有什么深刻的含义。但现代物理学则将这种等效性看成是导致对引力的更加深刻理解的一条思路的起点。事实上，正是这条重要的思路导致爱因斯坦广义相对论的建立。

（四）质量的概念

质量一词从物理概念上讲，应区分惯性质量和引力质量，但两者又有深刻的内在联系，等效性的反映绝非偶然。因此，只要选用国际单位制，其质量值是一样的。鉴于这个事实，在通常情况下，我们都不再进行区分，并统称为质量。原来曾经把质量定义为物体中所含物质的多少，随着近代物理学的发展，这样定义是不够正确的。

质量是物体固有的一种物理属性。它既是物体惯性的量度，又是物体产生引力场和受引力场作用的能力的量度。

二、重力和重量

（一）重力的概念

根据牛顿万有引力定律，位于地球表面及其附近的任何物体，都要受到来自地球中心的引力作用。此外，由于地球在不停地自转，除两极外，这些物体还应受到惯性离心力的作用，两者的矢量和就是物体所受的重力。树上的苹果，在重力作用下，一旦脱离树枝，根据牛顿第二运动定律就要产生加速度，其方向同重力的方向相一致。所以，苹果是垂直落向地面的。同理，其他的物体，当失去支撑时也是如此。人们把物体因受重力作用而产生的加速度叫重力加速度。若用 W 表示任一物体所受的重力，

---

①廖洪忠．万有引力定律和库仑定律类比研究[J]．物理教学，2009,，31(06)：17-20.

②（英）亚•沃尔夫．十八世纪科学、技术和哲学史[M]．北京：商务印书馆，2009：41-42.

用m表示该物体的质量,用g表示该物体所在地点的重力加速度,则重力与质量的关系为$W=mg$。

由于重力是一种力,因此,它具有力的三要素,即大小、方向和作用点。另外,物体的重力,虽然来源于地心引力,但一般情况下并不等于地心引力,主要是由于地球自转。因除两极外,位于地面上的物体在不停地做圆周运动。所以,物体的重力,在赤道上等于地心引力与惯性离心力的合力。在中纬度,它也等于地心引力与惯性离心力的合力,只有在两极处,它才等于地心引力。由此可见,除赤道和两极外,重力W与地心引力F之间有一个微小的夹角α,即重力虽垂直于地面,但不指向地心。该夹角在纬度45°处达到最大值为6′左右。因此,在多数地区认为重力指向地心与事实略有出入。

此外,因地球自转角速度很小,故惯性离心力是很微弱的。即使在赤道上,也大约只有重力的1/289,在两极重100 N的物体,在赤道上因自转减轻了约0.35 N,但假如地球自转再加快17倍,赤道上的惯性离心力就要增加17^2(289)倍,而与引力相平衡,此时一切物体将不受重力作用。因地球自转的赤道线速度乘上17等于第一宇宙速度7.9 km/s,任何物体以此速度环绕地球运转,它因转动而生的惯性离心力正好与地心引力相平衡。如不考虑空气阻力,它便永远不会落到地面上来。这正是人造地球卫星飞行的原理。

由于地球自转致使地球自身变扁,重力就随着纬度的不同而变化,即物体所受的重力与其所处的地理纬度有关,所以就出现了北半球南轻北重,南半球南重北轻的现象。

(二)重量的概念

物体所受重力的大小称为重量。因此,物体的重量等于该物体的质量乘以重力加速度值。即$W=mg$,式中W为物体的重量,g为重力加速度值。

由式$W=mg$可见,物体的重量是重力加速度值的函数,其量值将随g的量值而定。因此,它除了与其所处的地理纬度有关外,还与其所处海拔高度有关。现对此两个结论分别予以推导。

为使问题简化,今设地球是一个半径为R的均匀球体,其自转角速度为ω,在地球地轴附近固定一个弹簧秤,其下端挂一质量为m的物体,并相对于地球处于静止状态。若以地球为参照系,该物体主要受三个力的作用:地球的万有引力 F_1,方向指向地心,弹簧秤的拉力 F_2,方向垂直向上;该物体随地球自转的惯性离心力 F_3,方向垂直于地轴向外。根据一系列假设以及推导可得公式

$$W=G\frac{m_g m}{R^2}\left(1-\frac{R^2\omega^2}{Gm_g}\cos^2\varphi\right)$$

其中,φ 为物体所在的地球纬度;mg 表示地球的质量;G 表示万有引力常数;R 视为常数。

由上述推导公式可见,物体的重量确实与地球纬度有关。它随地理纬度的增大而增大。并不难看出:在赤道上重量最小,在两极重量最大。

任一物体的重力加速度值与其所处的海拔高度有关,其相对变化为其间距 R 的相对变化的两倍,并随着距离 R 的增大而减小。因物体的重量是重力加速度值的函数,物体的重量将随距离 R(海拔高度)的增加而减小。由此说明,物体的重量确实与其所在海拔高度有关。以上仅仅是为了说明物体的重量与其所处的地理纬度和海拔高度有关,而不是推导计算物体的重量准确公式。若要比较准确地获得物体的重量,应事先测量当地的重力加速度值,然后再乘以该物体的质量,或者,通过与另一已知重量的标准物体进行比较。这都是目前比较常用的方法。

三、质量和重量的区别

通过前面两小节对质量和重量的叙述,不难看出两者有以下区别。

(一)定义不同

质量是物体固有的一种物理属性。它既是物体惯性的量度,又是物体产生引力场和受引力场作用的能力的量度,重量是物体所受重力的大小。它等于该物体的质量乘以重力加速度值。

(二)变化规律不同

在牛顿力学范围内,物体的质量是恒量,不随地理纬度和海拔高度而变。物体的重量,要随地理纬度和海拔高度而变,在无重力的空间内,物体的重量等于零。

(三)单位不同

在国际单位制中,质量是基本单位,单位名称为千克,单位符号为kg;重量是导出单位,单位名称为牛顿,单位符号为N。

最后需要指出的是:重量一词,由于历史的原因,在日常生活和贸易中,它往往成了质量的代名词。比如某人的体重,某某货物的毛重,皮重或净重等。

四、衡量

(一)衡量的概念

利用衡量仪器,以确定物体质量量值为目的的一组操作称为衡量[①]。

(二)衡量原理

一般说来,最常见的衡量原理是杠杆原理和弹性形变原理;其次是液压原理;再其次是磁悬原理和石英振荡器原理。

1.杠杆原理

将被衡量的质量为m_A的物体置于等臂天平的左盘,将已知量值的质量为m_B的砝码置于右盘因物体和砝码均受重力作用,于是,就有两力矩作用于天平的横梁上。如果此时天平的横梁正好处于水平状态,则根据杠杆平衡原理可知,横梁左右两端的力矩应该相等,即$am_Ag_1=bm_Bg_2$。

鉴于天平横梁的左、右两臂不会很长,故可认为两者的重力加速度g_1和g_2相等再进一步假设天平的左、右两臂完全相等,即a等于b,就简化为m_A等于m_B,因为砝码m_B的质量值为已知,所以,就能确定物体m_A的质量值。

另外,若将m_A置于右盘,m_B置于左盘进行衡量,显然也是允许的。

2.弹性形变原理

胡克定律告诉我们,在弹性限度以内,弹性元件的形变大小或指针位移量与外力大小成正比,即$\Delta L=KF$。式中:ΔL为弹簧的伸长长度即指针位移量;F为加于弹簧秤上已知的外力大小;K为该弹簧秤的弹性系数。

对一定的弹簧秤,K为定值。当选择得当时,可使$K=1$,这时便有形变大小与外力大小一一对应的关系。如果加于弹簧秤上的外力,就是欲求物体的重力,则根据形变的大小,就可直接确定该物体的重量,即$W=\Delta L$。若需要用弹簧秤来测定物体的质量时,则必须事先在使用地点用已知量值的砝码对其标牌刻度进行检定,从而确定相应质量量值所对应的刻度位置,尔后即可用于进行质量测定。

---

①洪生伟著. 计量管理[M]. 北京:中国计量出版社, 2006:5-6.

3.液压原理

假如未加载荷前,两个活塞是处于平衡状态的,其表面在同一水平面上,而加上物体Q和砝码P之后,仍平衡于原来的高度处,则根据帕斯卡定律可知,即$\frac{Qg}{A_1}=\frac{Pg}{A_2}$,式中:$A_1$,$A_2$为大活塞与小活塞的面积;$g$为所在地的重力加速度值。将$\frac{Qg}{A_1}=\frac{Pg}{A_2}$化简并移项可得$Q=P\frac{A_1}{A_2}$,由此可见,当$P$和两活塞面积之比值为已知时,就可确定被衡量物体的质量。若以较小质量的砝码来衡量较大质量的物体时,就把砝码置于小活塞上,而将物体置于大活塞上。

4.磁悬原理

基本原理是一个铁磁体的小钢球,自由地悬浮在螺线管中,为螺线管产生的磁场所平衡,小球的垂直位置由通过螺线管的电流自动调节保持不变。由通过螺线管的电流加以自动调节,小球的垂直位置可以保持在指定高度处。其水平位置是通过螺线管磁场的对称偏离来测定的。光源发出的光通过一水平窄缝经一个透镜聚焦到小钢球顶部,在顶部反射或散射后进入光电倍增管。从光电倍增管中输出的光电流到一电子伺服回路,以调节螺线管中的电流,从而维持悬体在光束所要求的位置。若增大或减小附加于悬体上的质量,则悬体必然相应地要发生向下或向上的垂直移位,与此同时,螺线管内的电流就随之而增大或减小,使悬体仍恢复到原来的垂直位置。通过测定电流变化大小,就可测定质量变化之大小。显然这一原理只适用于测定微小质量,一般是微克量级的。

5.石英振荡器原理

其基本原理是在共振石英晶体片上加一未知片层,由于振荡质量的加大,就会改变石英片的固有频率。因为石英振荡器的固有频率是可以准确测定的,从而就可获得一种测量薄片物体质量的方法,这一原理也只适用于测定微小质量。

第二节 质量计量基准与标准

一、质量计量基准

质量计量基准包括1 kg质量基准、1 kg~1 g质量副基准组[①]。

(一)1kg质量基准

1 kg质量基准砝码用于复现和保存根据与国际公斤原器比对而获得的质量单位,并借助1 kg~1 g质量副基准组和标准计量器具向工作计量器具传递质量单位量值,以保证国际质量计量的统一。

1 kg质量基准砝码及其配套设备:我国的质量最高准确度等级的砝码及配套设备包括1kg质量基准砝码、1kg质量作证基准砝码(亦称为国家公斤作证原器)、相应的质量比较仪、空气密度测量系统。

1 kg质量基准砝码,编号60,是直径与高均为39 mm的铂铱合金直圆柱体,其中,铂占90%,铱占10%。该砝码的质量标称值为1 kg,其真空中质量值由国际计量局(bureau international des poids et measures, BIPM)给出,测量结果的不确定度以合成标准不确定度(k=1)表示(以BIPM的最新证书为准)。

1 kg质量作证基准砝码,编号64,是直径与高均为39 mm的铂铱合金直圆柱体,其中,铂占90%,铱占10%。该砝码的质量标称值为1 kg,其真空中质量值由BIPM给出,测量结果的不确定度以合成标准不确定度(k=1)表示(以BIPM的最新证书为准)。

质量比较仪,称量为1 kg,实际分度值为0.1 μg,单次测量的标准偏差不大于0.6 μg。空气密度测量系统可分别对实验室内的大气压力、温度、相对湿度和二氧化碳含量进行测量,计算出空气密度。其测量标准不确定度分别为大气压力1.2 Pa,温度0.007 ℃,相对湿度0.8%;二氧化碳含量4.5 μmol/mol。故空气密度测量系统的合成标准不确定度优于1.0×10^{-4} kg/m^3。

1 kg质量作证基准砝码不直接参加国内量值传递工作,只是定期在质量比较仪上与1 kg质量基准砝码进行比较,判定1 kg质量基准砝码质量值

①质量计量器具JJG 2053-2016

是否发生相对变化。但在1 kg质量基准砝码送BIPM量值复现期间，1 kg质量作证基准砝码代行1 kg质量基准砝码的职能。

1 kg质量基准砝码借助配套质量比较仪，以直接比较法或组合比较法向1kg～1g质量副基准砝码组传递质量单位量值。传递量值时的扩展不确定度优于22 μg～1.3 μg（k=2）。

（二）1kg～1g质量副基准组

1 kg～1 g质量副基准组用于复现和传递经1 kg质量基准砝码获得的质量单位量值。1 kg～1 g质量副基准组由1 kg～1 g质量副基准砝码组和相应配套设备组成。1 kg～1 g质量副基准砝码组是直径与高相等的直圆柱体，由磁化率小于0.000 4，材料密度为（8 000±8）kg/m^3的无磁不锈钢制造。该组砝码的质量组合为（5，5，2，2，1，1）×10^nkg（n为正整数、负整数或零），其真空中质量值的扩展不确定度U≤（22～1.3）μg（k=2）。

1 kg～1 g质量副基准组的配套衡量仪器由相应的质量比较仪组成。500～1 mg的质量比较仪，用于称量500 ～1 mg砝码，实际分度值为0.1 μg，单次测量的标准偏差不大于0.3 μg；1 kg～1 g的质量比较仪，用于称量1 kg～1 g砝码，实际分度值为0.1 μg，单次测量的标准偏差不大于0.6μg；2 kg～10 kg的质量比较仪，用于称量2 kg～10 kg砝码，实际分度值为0.01 mg，单次测量的标准偏差不大于0.03 mg；20 kg～50 kg的质量比较仪，用于称量20～50 kg砝码，实际分度值为0.1 mg，单次测量的标准偏差不大于0.3 mg。

1 kg～1 g质量副基准砝码组借助配套的衡量仪器，以直接比较法或组合比较法向E_1等级标准砝码传递质量量值。传递量值时的扩展不确定度U≤（8 mg～1.0 μg）（k=2）。

二、质量计量标准

（一）质量标准装置的组成

质量标准装置由标准砝码及相应的配套设备组成。

标准砝码用于复现和传递经国家质量计量基准获得的质量量值。该质量量值，除特殊要求外，一般均采用“约定质量”的方式给出。标准砝码按准确度等级从高到低包括E_1等级标准砝码、E_2等级标准砝码、F_1等级标准砝码、F_2等级标准砝码、M_1等级标准砝码、M_{12}等级标准砝码、M_2等级标准砝码、M_{23}等级标准砝码、M_3等级标准砝码。各准确度等级的标准砝码必须有足够的质量稳定性和可靠性,应能满足质量量值传递的要求。各准确度等级标准砝码借助其相应的配套设备传递其下面准确度等级的砝码,该标准砝码质量值的相应扩展不确定度不大于被测砝码所规定的相应质量最大允许误差的九分之一。配套设备包括与相应各准确度等级标准砝码配套使用的标准衡量仪器和相应的环境条件测量设备。标准衡量仪器由标准机械天平、质量比较仪和标准轨道衡等构成。

(二)标准砝码

E_1等级标准砝码,其质量标称值为50 kg ~ 1 mg,砝码质量的扩展不确定度U≤(8 ~ 0.001 0)mg(k=2),最大允许误差为±(25 ~ 0.003)mg。E_1等级标准砝码借助相应的标准衡量仪器采用精密称量法,以直接比较法或组合比较法向E_2等级砝码传递质量量值,或用于检定、校准相应的衡量仪器。标准装置用于传递量值时的扩展不确定度U≤(500 ~ 0.002)mg(k=2)。①

E_2等级标准砝码,其质量标称值为1 t ~ 1 mg,砝码质量的扩展不确定度U≤(500 ~ 0.002)mg(k=2),最大允许误差为±(1.6×10^3 ~ 0.006)mg。E_2等级标准砝码借助相应的标准衡量仪器采用精密称量法,以直接比较法或组合比较法向F_1等级砝码传递质量量值,或用于检定、校准相应的衡量仪器。标准装置用于传递量值时的扩展不确定度U≤(8×10^3 ~ 0.006)mg(k=2)。

F_1等级标准砝码,其质量标称值为5 t ~ 1 mg,砝码质量的扩展不确定度U≤(8×10^3 ~ 0.006)mg(k=2),最大允许误差为±(2.5×10^4 ~ 0.020)mg。F_1等级标准砝码借助相应准确度的标准衡量仪器采用精密称量法,以直接比较法或组合比较法向F_2等级砝码传递质量量值,或用于检定、校准相应的衡量仪器。标准装置用于传递量值时的扩展不确定度U≤(2.5×10^4 ~ 0.02)mg(k=2)。

F_2等级标准砝码,其质量标称值为5 t ~ 1 mg,砝码质量的扩展不确定度U≤(2.5×10^4 ~ 0.02)1mg(k=2),最大允许误差为±(8.0×10^4 ~ 0.06)mg。F_2等级标准砝码借助相应准确度的标准衡量仪器采用精密称量法,以直接比较法或组合比较法向M_1等级和M_{12}等级砝码传递质量量值,或用于检定、校准相应的衡量仪器。标准装置用于传递量值时的扩展不确定度U≤(8×10^4 ~ 0.06)mg(k=2)。

①杨文海,魏峻.电子秤量值比对结果及分析[J].上海计量测试,2019,46(02):41-45.

M_1等级标准砝码，其质量标称值为5 t ~ 1 mg，砝码质量的扩展不确定度$U≤(8×10^4 \sim 0.06)$mg(k=2)，最大允许误差为±$(2.5×10^5 \sim 0.20)$mg。M_1等级标准砝码借助相应准确度的标准衡量仪器采用精密称量法，以直接比较法或组合比较法向M_2等级和M_{23}等级砝码传递质量量值，或用于检定、校准相应的衡量仪器。标准装置用于传递量值时的扩展不确定度U≤$(2.5×10^5 \sim 0.5)$mg(k=2)。

M_{12}等级标准砝码，其质量标称值为5 t ~ 50 kg，最大允许误差为±$(5×10^5 \sim 5×10^3)$mg。用于检定、校准相应的衡量仪器。

M_2等级标准砝码，其质量标称值为5 t ~ 100 mg，砝码质量的扩展不确定度$U≤(2.5×10^5 \sim 0.5)$mg(k=2)，最大允许误差为±$(8.0×10^5 \sim 1.6)$mg。M_2等级标准砝码借助相应准确度的标准衡量仪器采用精密称量法，以直接比较法或组合比较法向M_3等级砝码传递质量量值，或用于检定、校准相应的衡量仪器。标准装置用于传递量值时的扩展不确定度$U≤(8×10^5 \sim 3)$mg(k=2)。

M_{23}等级标准砝码，其质量标称值为5 t ~ 50 kg，最大允许误差为±$(1.6×10^6 \sim 1.6×10^4)$mg。用于检定、校准相应的衡量仪器。

M_3等级标准砝码，其质量标称值为5 t ~ 1 g，最大允许误差为±$(2.5×10^6 \sim 10)$mg。用于检定、校准相应的衡量仪器。

轨道衡检衡车包括专用砝码、砝码小车等。专用砝码及砝码小车，其标称质量值视实际工作需要而定，其相对最大允许误差为$±1×10^{-4}$(包含概率95%)。轨道衡检衡车，其标称质量值视实际工作需要而定，其相对最大允许误差为$±1.5×10^{-4} \sim ±3.0×10^{-4}$(包含概率95%)。

第三节　质量计量检定系统

一、质量计量的概念

依据“计量学”的定义，“质量计量”的概念广义上可以理解为有关质量测量的知识领域。它不仅包括质量测量的一切理论，同时也包括测量实践方面的各个实际问题和技术。依据“计量”的定义，“质量计量”可理解为实现质量计量单位统一和质量量值准确可靠的活动。

通常可以把质量计量简化理解为通过质量计量器具(如天平、砝码和秤),采用一定的衡量方法,在规定的准确度范围内得到被测物体或物质的质量[1]。衡器计量的对象是物体或物质质量,显然衡器计量属于质量计量范畴。

二、质量计量器具

(一)质量计量器具的概念

计量器具是指可单独或与辅助设备一起,用以直接或间接确定被测对象量值的器具或装置。因此,用于测量质量量值的计量器具或装置就称为质量计量器具。质量计量器具包括质量计量量具和质量计量仪器。质量计量量具是指砝码、增砣等,质量计量仪器是指天平和秤。质量计量器具按计量学用途或在量值传递中的作用又可分为质量计量基准器具、质量计量标准器具和工作计量器具。

(二)砝码

1.砝码的基本概念

砝码是具有规定的形状和确定质量的质量量值,在衡量其他物体的质量时,用以体现质量单位的“从属实物量具”。“从属”是指砝码不能单独使用,它必须同质量计量仪器配套使用才能进行质量计量。

质量计量单位“千克”是通过被称为国际千克原器的砝码来复现的,质量的量值也是通过各种大小不同、等级不一的砝码传递来体现出来的。砝码通常选用坚固耐磨、具有抗磁性能、化学性能好、组织紧密、没有孔隙的材料制造。根据准确度的高低不同,常用的材料分为非磁性不锈钢、铜合金、铝合金、铸钢等。砝码的形状多为顶部带提钮的直圆柱体或圆台体。M级及20 kg以上的砝码的形状为带提手的六面体。毫克组砝码为具有90°折角或折边的片状形。

在实际质量计量中砝码通常是组合使用的,又称砝码组。砝码的组合原则是以最少个数的砝码能组成需要的任何质量值。根据量限的大小,砝码通常分为千克组(1 ~ 20 kg)、克组(1 ~ 500 g)和毫克组(1 ~ 500 mg)。为

①袁广财,郭树德. 质量计量器具及其检定系统分析[J]. 黑龙江科技信息,2013(22):44.

了检定大型衡器，还制造了 20 kg 以上的直到几吨的单个砝码。

2.砝码的准确度等级

根据我国现行的砝码检定规程 JJG99—1990 规定的质量总不确定度和允许误差将砝码分为国家千克基准、国家千克副基准、国家工作基准和各等级标准砝码。标准砝码按有无修正值分为等和级。有修正值的砝码分为一等砝码、二等砝码；无修正值的砝码分为 E_1 级、E_2 级、F_1 级、F_2 级、M_1 级、M_{11} 级、M_2 级、M_{22} 级和 O 级砝码。

(三)天平

天平是进行质量量值传递和精密衡量的质量计量仪器。按照《非自动天平检定规程 JJG98—1990》的规定，根据是否直接用于检定传递砝码的质量量值，天平可分为“标准天平”和“工作用天平”两类。凡是直接用于检定传递砝码质量量值的天平均称为“标准天平”，其他的天平一律称为“工作用天平”。工作用天平不得直接用于检定传递砝码的质量量值。但是标准天平在确保砝码质量量值的检定传递精度不被破坏的情况下，可以临时作为工作用天平使用。

天平按衡量原理分为杠杆式天平、弹性式天平、液压天平和电子天平四大类。目前最常见的天平是杠杆式天平。杠杆式天平虽然名称各异、种类不同，但其基本结构却大体相同，主要分为等臂天平、不等臂天平两大类。在等臂天平中又可分为等臂单盘、等臂双盘天平。不等臂天平一般均为单盘天平。单盘天平还可分为有、无微分标尺和有、无阻尼器天平。双盘天平也可分为有、无微分标尺，有、无阻尼器，有、无机械加码等形式的天平。有机械加码的双盘天平还可分为全机械加码(全自动)和半机械加码(半自动)天平。单盘天平一般都具有光学读数机械加码装置和阻尼器。

三、质量计量器具计量检定系统

国家质量计量器具计量检定系统是指从复现质量单位千克的“国家千克基准原器”主基准，经过各等级质量计量基准器具、质量标准计量器具直到质量工作计量器具的检定程序、不确定度和基本检定方法所作的技术规定。它是为质量量值传递而制定的一种法定技术文件。其目的是通过对质量器具的检定或校准，将计量基准所复现的质量计量单位千克的量值通过各等级的计量标准器具传递到工作计量器具,确保被传递对象的量值达到准确、一致和可靠。

第二章　误差知识

第一节　质量计量误差来源

质量计量的误差主要来自砝码、样品、容器、天平、称量法和环境六大方面。如果进一步归类，可以把砝码、样品、容器和天平本身产生的误差归入设备误差，称量法本身产生的误差作为方法误差，环境本身所引起的误差作为环境误差，由于测定人员参与上述各项操作、观测和计算而引入的人员误差四大方面。

由测定人员生理上的最小分辨力，感觉器官的生理变化、反应速度、熟练程度、固有的操作及观测习惯，以及不谨慎而造成的失误都属于人员误差，而这些误差又都是测定人员在一定环境条件下，使用一定的质量计量设备，并且在采用一定的称量方法的前提下，整个质量计量的操作、观测和计算过程中而引起的误差，所以，这种误差是和质量计量设备、称量方法及环境息息相关的。为简化叙述，避免重复起见，这里不再单独作为一项误差抽出来详细讨论，而是作为一种人的因素，同时将检定调整精度、操作方法等因素融合到设备误差、环境误差和称量方法误差中去。这样做的目的，并不是说人员误差不重要，只是为了避免不必要的重复。

砝码误差可分为砝码的稳定性（物理和化学方面的）、砝码的检定精度、砝码的修正值或标称值的偏差、砝码材料密度①；样品误差可分为被测样品的物理状态、样品的物理化学性质（包括它的稳定性）、样品的数量；容器误差可分为容器的形状、容器的材质（包括它的物理化学性质及其稳定性）、容器的数量；天平误差可分为天平的正确性、天平的灵敏性、天平的稳定性、天平的示值不变性（注意：在天平的四大计量指标中，包括天平零部件加工制造、装配调整误差及天平的检定精度）。

---

①孙鹏龙，何开宇，卜晓雪等．专用砝码校准与测量值的不确定度评定[J]．计量与测试技术，2017，44(12)：60-61.

称量方法误差可分为比例称量法、一般替代称量法、门捷列夫称量法、砝码组合比较法、去皮称量法、空气浮力计算方法。

环境误差可分为空气浮力(包括空气密度的变化),温度(包括测定人员的体温和辐射热量),湿度(包括砝码表面的吸附问题),气压、涡流、气流(包括测定人员的呼吸等所产生的气流、体温所引起的对流;室内或天平罩内由于温差所形成的对流),振动(包括大地、机器、仪表及操作人员活动时所引起的冲击、振动),磁场(包括地磁场、电磁场的影响),静电(包括测定者所引起的摩擦带电及静电感应),重力加速度,环境污染程度(例如空气中的含尘量等),光照包括光源的辐射热及测定者在此照明下引起的视差……

以上是质量计量中的主要误差来源。当我们考虑和分析这些误差来源时,必须注意到不遗漏(即对误差来源进行全面分析,不使一些因素未被考虑到)、不重复,抓住主要矛盾,对大误差的来源进行重点分析。

第二节 质量计量中的系统误差及其消除方法

一、误差按其影响性质分类

按照对基本标准影响的性质,误差可以分为系统误差、偶然误差和疏失误差三大类。这里重点讨论系统误差。

二、系统误差的简单分类

按变化与否可分为固定系统误差(包括恒正系统误差和恒负系统误差)、可变系统误差(包括线性系统误差、周期性系统误差、对数系统误差、多项式型系统误差及按其他复杂规律变化的系统误差)。

按掌握程度可分为常差或称已定系统误差(方向已知,绝对值已知)、定向系统误差(方向已知,绝对值未知)、符号未定的常差或称定值系统误差(方向未知,绝对值已知),未定系统误差或称系偶误差(方向未知,绝对值未知)。

按来源可分为设备造成的系统误差(包括天平的不等臂性、砝码的器差等)、环境造成的系统误差(包括空气密度变化、湿度变化、温度变化、重力加速度等造成的系统误差)、测定人员造成的系统误差(包括记录讯号的超前和滞后,对准目标始终偏左或偏右,估读时始终偏大或偏小等造成的系统误差)、方法所造成的系统误差(包括采用比例称量法、精密衡量法,空气浮力修正与否,体积及体积膨胀系数准确计算与否等造成的系统误差)。

三、系统误差的简易发现方法

发现、检验和判别系统误差的方法较多,这里只介绍最常用的"观察法"。将测定列依次排列,如残差的大小有规则地向一个方向变化,且符号为(-----+++++)或(+++++-----),则测定中有线性系统误差。如中间有微小波动,则说明有偶然误差影响。将测定列依次排列,如残差符号为规律地交替变化,则测定中有周期系统误差。如中间有微小波动,则说明有偶然误差影响。如果存在某一条件时,测定残差基本上保持相同符号,当不存在这一条件时(或出现新条件时),残差均变号,则测定中含有随测定条件而改变的固定系统误差。按测定次序,测定到前一半残差之和与后一半残差之和的差值如显著不为零,则该测定中含线性系统误差。若测定列改变条件前残差之和与改变条件后残差之和的差值显著不为零,则被测定中含有随条件而改变的固定系统误差。

四、系统误差的一般消除方法

(一)采用修正值的办法把已知的系统误差从测定结果中消除掉

将砝码对其标称值的修正值代数加到该砝码的标称值上,就消除了该砝码的固定系统误差,得到该砝码的约定真值砝码的实际质量,亦即砝码的实际质量=砝码的标称值+对标称值的修正值。事前先对各种称量下的双盘等臂天平的不等臂性进行测定,列出各种称量天平不等臂性修正表格或图表,当我们采用比例称量法(即直接称量法)测定被测质量时,即可根据当时的天平称量从修正表中找出相应的不等臂误差修正值代数加到测定结果中,就可消除采用比例称量法(即直接称量法)所带来的系统误差。将砝码在空气中的空气浮力修正值代数加到砝码在空气中的表观质量值上,则可得到砝码在真空中的实际质量值。

（二）在测定过程中消除误差

在测定过程中，根据系统误差的性质，选择适当的测定方法，使系统误差相互抵消而不带入测定值中，从而在测定过程中消除天平的不等臂误差。

1.交换称量法

为了讨论方便起见，我们假设天平两盘分别放上被检砝码A和标准砝码B后，天平能正好平衡于标牌零点处，交换砝码后，通过添加小砝码R之后，仍能使天平平衡在原来的标牌零点处。则可以最终得到：

$$m_A=m_B(1\pm\frac{m_R}{m_B})\approx m_B\pm\frac{m_R}{2}$$

这样，在测定结果中就消除了天平的不等臂误差。

2.替代称量法

当我们采用替代称量法时，可得

$$m_A=m_B+S_p(L_A-L_B)。$$

L_A为在秤盘上放上被测物体时的天平平衡位置读数；L_B为在秤盘上放上标准砝码时的天平平衡位置读数；S_p为天平在秤盘上放上砝码m_A或m_B时的天平分度值。这样，在测定结果中就消除了天平的不等臂误差。

3.对称观测法

测定过程中消除随时间线性变化的系统误差采用对称观测法，每相邻两个读数的时间间隔相等，今以替代称量法为例说明这种方法。可以得到如下公式：

$$m_A=m_B+S_p(\frac{L_{A1}+L_{A2}}{2}-\frac{L_{B1}+L_{B2}}{2})。$$

这样，在测定过程中就消除了由于两臂不均匀加热而造成的臂比随时间的线性变化所引起的系统误差。

4.半周期偶数观测法

测定过程中消除周期性变化的系统误差可采用半周期偶数观测法。这样，当我们测得一个读数后①，相隔半个周期再测量一个数，取前后这两次读数的平均值为最终的读数值，从而就消除了周期性系统误差。

①林红，甘文胜，曾腾．物理实验中系统误差的判定与减小[J]．海南师范大学学报（自然科学版），2014，27(03)：347-349.

(三)设定不同测定条件消除误差

考虑到不同的基准(标准)以及不同的测定人员,都存在一定的系统误差,这些系统误差成分往往是不同的。如果在测定中采用不同的基准器,有可能消除一部分由于基准器带来的系统误差成分。如果在测定中采用不同的观测者进行观测,也有可能消除一部分由于人员误差带来的系统误差成分。所以,为尽可能消除或限制系统误差起见,在较精密的质量计量中,最好使用不同的基准器,由不同的检定人员进行检定。

(四)用组合测定法消除一部分按复杂规律变化的系统误差

由于组合测定方法可以使这些系统误差以尽可能多的组合形式包括在测定结果中,从而使这种系统误差在某种程度上,在组合测定中具有偶然误差的性质。因而,有时在某种程度上可以消除这种误差。但是,这种变系统误差为偶然误差的方法,只能在某种程度上、一定范围内起到适当的作用。

五、在测定中能发现系统误差是好事而不是坏事

我国质量检定中曾出过这样的事,检定员甲用一个基准检定传递某一个砝码,得出某一个值;检定员乙用另一个基准检定传递同一个被检砝码,得出另一个值与甲的结果相差较大,就怀疑自己的检定是否错了。为了和检定员甲的测定结果对得上,检定员乙不敢用自己刚用过的基准再复检一次,而是改用检定员甲所用的那个基准进行检定,检定结果和甲的结果很接近,非常高兴。之后,为了使相互之间的检定结果容易对得上,这些检定员就总结了一条规律,你用什么基准我也用什么基准,甚至你用那个标准小砝码,我也和你一样,你用哪架天平,我也绝不换成另一架精度更好一些的天平。这种比较典型的例子是不是就只有这一个单位存在?不是的！在国内各个计量单位都有这种心理状态,并且这样做下去的,是大有人在的。这件事反映出一些人对误差,特别是对系统误差和偶然误差认识不清。他们认为自己和别人都用同一架天平、同一个基准乃至同一个标准小砝码,检定出精度就好了。实际上,这是一种误解。采用这种办法测定结果的精密度是好的,但不能反映测定结果的正确度也一样好。事实上采用同一个基准、利用同一台设备是很难发现基准器的系统误差的。如果分别用两个基准器进行传递,尽管测定结果可能不同,但是可以在一定

程度上反映出系统误差,这反而是好事。用两个基准器传递的精度一定会比其中系统误差大的那个基准器传递的精度(包括精确度和正确度)要好。应该鼓励那些使用不同的基准器进行检定传递的做法,应该使每一个检定人员都深深地懂得,能在测定中发现系统误差是好事,而绝不是坏事。如果你能发现测定中的系统误差,并且想出办法测出和估算出这系统误差的大小并且把它修正,这就说明你的测定精度向"好"的方向大大迈进了一步。

第三节 质量计量中的偶然误差

一、质量计量中的偶然误差服从什么分布

质量计量中经常遇到的偶然误差绝大部分都服从正态分布(又称高斯分布)。有关正态分布的问题,质量计量中有时也因偶尔使用电子计数器、数字电压表等而遇到服从均匀分布的偶然误差。

在区间$[a,b]$上服从均匀分布的随机变量x取给定区间(α,β)内的值的概率为$P(\alpha<x<\beta)=\frac{\beta-\alpha}{b-a}$,由于我们在质量计量中主要碰到的是正态分布问题,所以我们以后讨论偶然误差主要都是指的正态分布。

二、算术平均值原理

当我们对某一物理量α进行N次独立测定,测定值为$x_1,x_2,\cdots,x_n$的权分别为$p_1,p_2,\cdots,p_n$,则其测定结果的最佳值就是这些测定值的加权算术平均值(加权算术平均值亦称为广义算术平均值)。这就是人们常常说的算术平均值原理。

对于等精度测定,则有$p_1=p_2=\cdots=p_n=1$,则测定值的加权算术平均值就可转化为(狭义的)算术平均值。算术平均值公理很重要,在计算中我们经常要用到它。为了简单起见,这里只从等权角度出发论证这个原理是成立的。

算术平均值确实是真值a的最佳估计值。测定结果的最佳值应该在使残差平方和为最小的条件下求出,这就是最小二乘法原理,所以,算术

平均值既满足最大或然原理,也满足最小二乘法原理。它确实是测定结果的最佳值。

有了等权的算术平均值计算公式的推导,也就可以求出不等权的广义算术平均值的计算公式,此时,只需将测定值$x_1,x_2,\cdots,x_n$单位权变为等权测定值,则可应用上述结果推导出广义算术平均值计算公式,当然也可以直接从正态分布角度求出此计算公式。

三、最小二乘法原理

在具有同一正确度的许多测定值中所求得的最佳估计值,就是当各测定值的残差的平方和为最小时求得的值。这就是我们平常所说的最小二乘法原理[①]。$a=y$(平均)$-b\times x$(平均)就是这个原理的定义表达式。最小二乘法在质量计量中经常应用到砝码组合比较的计算上。

四、测定结果的几种误差表示方法

在正态分布及有限测定次数情况下:测定列中单次测定标准偏差S;测定列中单次测定的极限误差为$3S$;测定列的算术平均值的标准偏差S_T;测定列的算术平均值的极限误差为$3S_T$;采用彼得法求测定列中单次测定标准偏差;利用极差法求测定列中单次测定标准偏差S为:

$$S=\frac{w_n}{d_n}=\frac{\text{最大测定值}-\text{最小测定值}}{d_n}$$

w_n为最大测定值与最小测定值之间的区间跨度,d_n为样本数,当已知真误差时,利用最大误差法求测定列中单次测定标差S为$S=\frac{\text{最大}|\delta|}{K_n}$。

第四节 质量计量中的疏忽误差与质量测定的总误差

明显歪曲测定结果的误差叫疏失误差[②]。就其本质来说,它应当属于偶然误差,因为它常常是不定的,而且没有任何规律。严格来说,不作为

①张强. 最小二乘法原理及其处理方法的探讨[J]. 计量与测试技术,2020,47(04):75-76.

②温玉琴. 浅谈电工仪表的测量误差与消除办法[J]. 通讯世界,2013(11):116-118.

客观测定条件所证明是合理的那些误差，都属于疏失误差。因为这种误差的有效值大大地超过了天平与秤的灵敏度、稳定性、变动性和观测者的个人误差，至于疏失误差的产生，都是由观测者测定操作不正确和缺乏经验等引起的。在质量计量中，经常遇到的疏失误差有以下五点。

一、读错天平或秤的示值

对标牌分度理解不正确，例如把第五个分度的较长刻线看作比其他所有分度刻线都长的第10个分度刻线；未按标牌刻度方向进行读数，例如，把7.6读成8.4；读数提前或滞后。

二、记错天平或秤的示值

记错数字；记错正负号；记错单位。

三、读错、记错砝码及其数值

读错砝码：例如，把标准砝码B当成被检砝码A，把A当成B；又如，把2 mg砝码当成1 mg砝码；再如，把带点的砝码当成不带点的砝码；读错砝码的修正值或误差。例如，把负号漏读而变成正号，或把修正值读成误差、误差读成修正值。记错砝码，例如，把B误记成A，把A误记成B；把平衡小砝码和感观小砝码相互记颠倒了；把带点的砝码记成不带点的砝码；把5 mg砝码记成10 mg砝码。记错砝码的修正值或误差，例如，漏记负号而变成正号，把正记为负，把负记为正，砝码的具体的数值由于笔误而记错。

四、在观测或记录中有遗漏

例如，在检定中为平衡加了一定数量的小砝码，但是在记录时却漏记了。

五、其他疏失误差

在操作时变动了天平与秤的位置（特别是水平位置），因而影响了它的示值，但未及时察觉；观测者受不应该造成的天平与秤的温度、气流和震动影响；检定或计算时使用了错误的天平分度值或砝码实际质量值，或空气密度值，或砝码体积值，或把砝码修正值与器差的概念记颠倒了；在对天平与秤的结构、性能尚不清楚的条件下，自以为是地进行错误的观测和检定;在对有关计算公式尚不清楚的情况下,自以为是地进行错误的计算或结果处理;原理和公式都清楚,但由于笔误,记错某符号或算错某数值,使以后的整个计算都错了,或者最后在添加数据时把数据添错了。

我们常常看到,有的检定员发现他的某次观测结果与其他一些观测结果相差较大时,就不加分析地把这次观测结果抛弃掉,而代之以新的观测,以便得到较整齐的测定结果,这不是好习惯,应该避免。检定人员都应该锻炼自己公正对待测定结果,充分地相信自己是同样细心地和实事求是地进行了全部观测的,因此测定的结果应该是同样可靠的。这样,一旦出现可疑情况,就应马上进行分析、判断或在此基础上进行补充观测,而不是轻率地抛弃可疑的观测。

应该特别指出的是:一般说来,疏失误差包含着巨大误差,但是巨大误差并不一定都是疏失误差。在检定、测试中,只有疏失误差才能毫不吝惜地弃掉,相反,必须对除去疏失误差外的其余全部的巨大误差予以高度的重视并进行严格的分析,决不能随便舍弃。例如,属于因实际使用条件超过计量器具所规定的参考条件而引起的巨大误差,应该认为这是反映检定、测试实际情况的,应予以保留,不能舍弃。若想提高测定精度,可改善实际使用条件,达到原计量器具所规定的参考条件的要求。如果实际的使用条件确实满足了该计量器具所规定的参考条件的要求,而且检定、测试人员确实没有疏忽,但实际的检定测试结果又确实存在着巨大误差,此时往往证明该计量器具因本身存在毛病或故障,致使计量性能达不到要求从而产生了大误差。因此,在这种情况下,必须实事求是地承认该仪器本身所存在的巨大误差,绝对不能舍弃掉。实际上,我们检定、测试一台仪器,之所以采用许多方法和步骤进行实验和观测,其目的之一就是发现这些可能出现的巨大误差,以便找出该仪器的缺陷、毛病或故障,通过再加工、修理或调试,把产生这些缺点的根源一一排除掉,进而使其在正常的使用条件下绝对保证不会出现显然超过 $3S$ 的巨大误差。一切疏失误差都应当舍弃,但对于巨大误差的舍弃问题,需要特别慎重。如在计量器具保证是完好的,实际使用条件的确是正常的,并对系统误差做了合理的修正的前提下,观测时出了巨大误差,人们常用如下准则作为判定是否存在疏失误差的取舍标准。

(一)来伊达准则

如果在一列残差中,某个残差大于3S,可认为该测定列中有可能存在疏忽,为了找出产生疏忽的可能性,可以讨论这次测定的实验数据;当确认观测值服从正态分布的情况下,可将大于3S的观测结果抛弃。若某个残差v_i大于4S,那么可以断定那次观测中含有疏失误差。

(二)戈罗贝斯准则

若测定的最大值或最小值有满足$|v_i|>g_0(n,a)S$者,则认为含有疏失误差,并剔除不用。戈罗贝斯系数$g_0(n,a)$通常也已制成表了,此外还有肖维纳准则、狄克逊准则等。但在质量计量中最常用的是来伊达准则。

质量计量中,质量测定的总误差是指系统误差与极限偶然误差的代数和。亦即质量测定的总误差=系统误差±测定列中单次测定标准偏差的三倍,在一般工作中,在条件许可的情况下,力争系统误差控制在总误差的1/10到1/5以内,极限偶然误差控制在总误差的4/5到9/10以内。

第五节 有效数字运算

一、数值修约规则

若舍去部分的数值,大于所保留的末位的0.5,则末位加1;若舍去部分的数值,小于所保留的末位的0.5,则末位不变;若舍去部分的数值,等于所保留的末位的0.5,则末位应凑成偶数。即当末位为偶数时则末位不变,当末位为奇数时则末位加1。

二、运算中的凑整

几个数相加减时,以小数位数最少的数为准,其余各数均凑整成比该数多1~2位的数[①];几个数相乘除时,以有效数字个数最少的数为准,其余各数及积(商)凑整成比该有效数字多1~2位的数,而与小数点位置无关;将数平方或开方后,结果可比原数多保留一位。

①陈韫仪. 试论检测数据的处理[J]. 福建轻纺,2012(04):41-43.

三、天平、秤和砝码的具体数据处理原则

天平与秤的标牌读数估读到标牌分度的十分之一；天平或秤的平衡位置之差的有效数字确定后，则天平或秤的标牌分度值相应多取一位有效数字；组合比较计算时，小 a 值应比相应砝码检定精度多1~2位有效数字（要求小数点后位数比规定的多1~2位）；最终的检定结果所保留的末位数字的位数，应与检定规程所规定的检定精度相一致。

第三章 质量计量器具

第一节 衡量原理

一、运动学基础

质点运动学的主要任务是描述做机械运动的物体在空间的位置随时间变化的关系，而不涉及运动产生和改变的原因。本专著首先定义描述质点运动的物理量，如位置矢量、位移、速度和加速度等，并讨论这些物理量随时间变化的关系。然后讨论质点的直线运动、曲线运动和圆周运动的运动规律及其描述方法。

（一）参考系、坐标系和质点

1.运动本身的绝对性

宇宙间一切物体都在不停地运动中，不可能找到一个绝对静止的物体。大到太阳、地球等天体，小到分子、原子和各种基本粒子都处于永恒的运动之中。放在桌上的书相对于桌面是静止的，但它却随地球一起绕太阳运动，太阳也在运动，整个太阳系绕着银河系中心运动，同时银河系也在运动，这就是运动本身的绝对性。

2.运动描述的相对性

对于某一个具体的物体，如一个从匀速运行的列车的桌子上掉下的杯子，它是怎样运动的？这个问题可以有不同的答案，列车上的甲认为杯子是竖直向下的自由落体运动，而在站台上的乙却认为杯子是一个抛体运动，列车上甲的参照物是车厢，而地面上乙的参照物是地面。因此，描述一个物体的运动时，必须选择另外一个或几个相互保持静止的物体作为参照物，选择的参照物不同，对同一个物体运动的描述也就不同，这就是运动描述的相对性。

3.参考系

在物理学中，把描述一个物体运动所选择的参照物称为参考系[①]。我们在物理定律中使用的一些物理量，必须是相对同一参考系的，所以在处理问题时，一定要明确描述物体运动所选择的参考系，不同参考系的物理量需要变换到同一参考系中才能求解有关问题。在运动学中，参考系的选择具有任意性，在具体问题中，选择什么参考系取决于所研究问题的性质。一般情况下，如果研究地面上物体的运动，往往以地球(地面)为参考系；如果研究地球、月球的运动，往往以太阳为参考系。

4.坐标系

为了定量地描述一个物体不同时刻相对于参考系的位置，需要在此参考系上建立一个固定的坐标系。坐标系建立后，物体相对于坐标系的运动，也就是物体相对于参考系的运动。运动物体的位置就由它在坐标系中的坐标值决定。坐标系是参考系的一种数学抽象，所以我们每次提到坐标系时，指的也是与它固定在一起的参考系。

5.质点

任何物体都有一定的大小、形状和内部结构。通常情况下，物体运动时，内部各点的运动情况常常是不同的。因此要精确描写一般物体的运动并不是一件容易的事。为使问题简化，可以采用抽象的办法，如果物体的大小和形状在所研究的问题中不起作用，或所起的作用可以忽略不计，就可以近似地把此物体看作一个只有质量而没有大小和形状的理想物体，称为质点。

质点是一个理想化模型。质点仍然是一个物体，它具有质量，同时它已被抽象化为一个几何点，质点是实际物体在一定条件下的抽象。理想化模型的引入在物理学中是一种常见的重要的科学分析方法，在以后的课程中还将引入一系列理想模型，例如理想气体、点电荷等。把物体抽象为质点的方法具有很大的实际意义和理论价值。如在天文学中把庞大的天体抽象为质点的方法已获得极大的成功。从理论上讲，我们可以把整个物体看成由无数个质点所组成的质点系，从分析研究这些最简单的质点入手，就可能把握整个物体的运动，所以质点运动是研究物体运动的基础。

物体抽象为质点首先要注意，同一个物体在一个问题中可抽象为质

①杜近梨，郭芳. 质点运动的描述[J]. 石家庄职业技术学院学报，2002(02):6-8.

点，在另一个问题中则可能不能简化为质点。例如研究地球绕太阳公转时，由于地球至太阳的平均距离（1.5×10^{8} km）比地球的半径（约6 370 km）大得多，地球上各点相对于太阳的运动可以看作相同的，可以把地球当作质点；但研究地球自转时，地球上各点的运动情况就大不相同，地球就不能当作质点处理了。其次要注意区别质点与小物体。物体再小（原子核的线度约为10^{-15} m）也有大小、形状，而质点为一几何点，它没有大小，但在空间占有确切的位置。

（二）位置矢量、位移

1.位置矢量

人们习惯于将空间任一点P的位置用一组坐标(x,y,z)来表示，即$P(x,y,z)$。P点的位置也可以用从坐标原点O向P点引一条有方向的线段$\boldsymbol{r}$来表示。$\boldsymbol{r}$称为位置矢量，简称位矢。

位置矢量$\boldsymbol{r}$的大小$|r|=r$代表质点到原点的距离，其方向标志质点的位置相对于原点的方向。在直角坐标系中，位置矢量$\boldsymbol{r}$沿坐标轴的三个分量分别为x、y、z，则位置矢量$\boldsymbol{r}$可用它的3个分量表示，即$\boldsymbol{r}=x\boldsymbol{i}+y\boldsymbol{j}+z\boldsymbol{k}$，位置矢量$\boldsymbol{r}$的大小：$|r|=r=\sqrt{x^2+y^2+z^2}$，位置矢量$\boldsymbol{r}$的方向余弦为$\cos\alpha=\frac{x}{r},\cos\beta=\frac{y}{r},\cos\gamma=\frac{z}{r}$。

2.运动方程和轨迹方程

在质点运动的过程中，标志质点位置的位置矢量随时间改变，这时质点的位置矢量r是时间t的函数，即$r=r(t)$。

这个函数描述了质点空间位置随时间变化的过程，称之为运动方程。

在三维直角坐标系中质点的位置坐标x、y、z也相应地随时间t在变化，即$x=x(t),y=y(t),z=z(t)$，运动质点在空间所经过的路径称为轨迹。轨迹是位置矢量的矢端在空间的轨迹，在质点的运动方程中消去时间t就可以得到质点的轨迹方程。轨迹为直线的运动称为直线运动，轨迹为曲线的运动称为曲线运动。

运动方程表明质点的位置r或x、y、z与时间t的函数关系，而轨迹方程则只是位置坐标x、y、z之间的关系式。

（三）速度与加速度

位移只说明质点在某段时间内位置的变化，为了描述质点运动的快慢和方向，需要引入速度矢量。质点运动速度的大小和方向也在不断改变。为了定量描述各个时刻速度大小和方向的变化情况，需要引进加速度矢量。

（四）直线运动

物体运动的轨迹是直线的运动，称为直线运动。直线运动可以用一维坐标来描述，位矢、位移、速度、加速度等矢量都在同一直线上，都可以作为标量来处理。

（五）抛体运动

抛体运动是最简单的曲线运动，在直线运动的基础上，通过应用运动叠加原理分析抛体运动，可以使我们了解一般曲线运动问题的分析和解决方法。

在研究一般质点的位置、位移、速度和加速度的时候，我们将一个复杂曲线运动的物理量分解为三个相互正交的直线运动的物理量进行研究，也可以认为质点的运动是由三个同时进行的直线运动叠加而成的。一个实际发生的运动，可以看成是由几个各自独立进行的运动叠加而成，这个结论称为运动叠加原理。一般物体的运动往往是曲线运动，应用运动叠加原理，可以在质点运动平面内建立一个平面直角坐标系，将曲线运动分解为沿坐标轴的两个方向的直线运动来描述，采用化曲为直的方法解决复杂的曲线运动问题。抛体运动是最典型的平面曲线运动，如发射的炮弹、投掷的石子、带电粒子在均匀电场中的偏转等。

（六）相对运动

描述物体的运动时，总是相对于选定的参考系而言的。通常，我们选地面或相对于地面静止的物体作为参考系。但是，有时为了研究问题方便，也选用相对于地面运动的物体作为参考系，如选择运动中的汽车、火车、轮船等作为参考系。这样，在不同参考系中对运动的描述就不同，研究物体相对于不同参考系的运动描述的相互关系，就是相对运动问题。

二、动力学基础

(一)牛顿第一定律——惯性与质量

1. 力与运动的关系

在过去很长的一段时间,人们一直深信,要使一个物体运动起来,必须不断地用力推它,一旦推动力不再作用,物体便会静止下来,力是维持物体运动的原因。伽利略首先指出了将人们引入歧途的是摩擦力或介质的阻力,为了得到正确答案,他仔细地观察了从斜面下滑的小球,地面光滑程度越高,小球下滑时滚动的距离就越远,反过来地面越粗糙,小球下滑时滚动的距离就越短,于是伽利略推断小球运动状态的改变与地面的摩擦力有关,地面上的摩擦力才是改变小球运动状态的根本原因,没有摩擦力,小球可以一直匀速地滚动下去。

2. 牛顿第一定律

牛顿进一步提炼了伽利略所做的工作,成功地总结出一条定律:所有物体将保持其静止或匀速直线运动状态,除非有外力迫使它们改变这种状态。

3. 几点讨论

所有的物体都具有保持原有运动状态的特性,这种特性称为物体的惯性,故牛顿第一定律也称惯性定律。

牛顿第一定律表述为不受外力作用的物体必将做匀速直线运动或保持静止,这条定律就其叙述的内容本身提出了力和惯性两个重要概念。牛顿把改变物体运动状态的因素归结于物体受到的力,而物体自身又具有保持匀速直线运动或静止的属性,称此属性为惯性。

物体究竟是否做匀速直线运动或处于静止状态,不仅取决于物体所受的外力,还取决于描述物体运动时所选择的参照系。从这个角度上说,牛顿第一定律实际上指出:存在一种特定的参照系,在那个参照系中如果物体不受力或受到的合外力为零,则物体将保持原有的运动状态。通常把牛顿第一定律所指的参照系称为惯性参照系(简称惯性系),当然实际问题中还存在一些非惯性系,在那些参照系中牛顿第一定律并不成立,如后面会看到转动参照系就是非惯性系。

根据运动的相对性,对于不同的参照系,物体往往有不同的加速度,在一个参照系中做匀速运动的物体,在另一个参照系中可能有加速度。牛顿第一定律断言,存在着一个参照系,在此参照系中,物体的运动遵循牛顿第一定律,这个参照系称为惯性系,第一定律又称惯性定律。

那么如何确定一个参照系是否为惯性参照系呢?要回答这个问题并不容易。一方面,在现实生活中找不到完全不受力的物体,即使你能把物体完全孤立起来,它还会受到外力(如引力)的作用。另一方面,虽然理论上存在使物体所受到的合外力为零的方法,但判定物体受到的合外力为零的标准是什么?如果是以物体是否处于静止或匀速直线运动状态,则又回到了所取的参照系是否为惯性系的问题上。因此可以说所谓的惯性系实际上并不存在,它只是一个理想的模型,应该指出,一个物体处于自由状态而不受干扰的情况在自然界中是不会出现的,要得出这一结论需要一定的想象力,而这种想象力正是伽利略拥有的。运动的相对性告诉我们,对于任何两个相对做匀速运动的参照系,同一质点具有相同的加速度。因此,只要存在一个惯性系,那么相对于此惯性系做匀速运动的所有参照系都是惯性系。牛顿第一定律的意义就在于定义了一个惯性系,并断言惯性系一定存在。

对于许多精度要求不太高的实际情况而言,固定在地球上的坐标系或相对地面做匀速直线运动的坐标系可以近似地看作惯性系。例如一个运动的弹子球只要不与其他弹子球相碰也不与球台边缘相碰,那么它看起来就做匀速直线运动。但如果精确地测量就会发现弹子球的运动并非匀速直线运动,这是由于地球在旋转。总体来说,严格理想的惯性系是不存在的。但实际处理问题时,适当地选择近似惯性系还是可行的,事实上牛顿是以地面为参照系观察物体运动而总结出牛顿第一定律的。

(二)牛顿第二定律

力是单位时间内物体动量改变量的大小,用F表示,即

$$F = \frac{\mathrm{d}p}{\mathrm{d}t} = \frac{\mathrm{d}}{\mathrm{d}t}(mv)$$

如果质量为常数,则

$$F = m\frac{\mathrm{d}v}{\mathrm{d}t} = ma。$$

这就是说物体受到的合外力等于物体的质量乘以物体运动的加速度,

这一结论被称为牛顿第二定律。从上式可以看出力是一个导出量,它的单位是kg·m/s²,在MKS单位制中力的单位称为牛顿。按照相对论的观点,上面两式是不等价的,只有当物体的速度与光速 3×10^8 m/s 相比甚小时,物体的质量变化不大,这时后面的式子才是一个好的近似,而力的定义式在牛顿力学不适用时还是成立的。

在牛顿第一定律的基础上,牛顿第二定律进一步给出了物体所受的作用力、由力引起的加速度及物体惯性三者间的定量关系,即物体在受到外力作用时,它所获得的加速度大小与合外力的大小成正比,与物体的质量成反比,加速度的方向与合外力的方向相同,$a \propto \dfrac{\sum_{i=1}^{n} F_i}{m}$写成等式有

$$\sum F = kma$$

式中:$\sum F$ 表示物体所受外力的矢量和;k 为比例常数;m,F,a 均采用国际单位制单位。k=1,可将上式写为 $\sum F = ma$,这就是牛顿第二定律的数学表达式,是质点动力学的基本方程。

根据牛顿第二定律,在受到相同大小的作用力的推动下,“轻”物体容易起动,“重”物体不易起动,从而引进了质量的概念。质量被定义为物体惯性的定量量度,惯性不仅在第一定律意义下表现为物体不受力时所具有的保持原来运动状态的属性,而且还在第二定律意义下表现为物体在受力情况下具有的对改变原来运动状态的抗拒能力,因此通常把这个质量称为惯性质量。

在牛顿力学中,认为物体的质量是与运动无关的恒量,但根据相对论,质量与物体的运动速度 v 有关,因此牛顿定律只能描述宏观物体低速的机械运动。对于接近光速的高速运动,需要用相对论来描述;对于微观物质的运动,要用量子理论去研究。

物体系的牛顿第二定律只能求物体系所受到的外力。

加速度制约关系的寻找。寻找各物体加速度之间的关系一般有两种方法:一种方法是从相对运动的角度,通过寻找各物体运动的制约条件,找出各物体运动的加速度之间的关系;另一种方法是通过分析极短时间内的位移,利用做匀变速运动的物体在相同时间内的位移正比于加速度这个结论,找到物体运动的加速度之间的关系,而对始终紧贴的两物,它们沿

接触面法线方向的加速度分量一定相同。

(三)牛顿第三定律

两相互作用物体间的作用力大小相等,方向相反,即:

$$F_A = -F_B$$

上式就是牛顿第三定律的数学表达式,它是从大量的实验中总结出来的。力的概念引入的一大优点是使我们可以将注意力集中在被研究的物体上,在处理实际问题时,对于给定的情况往往可以找出简单的力函数,令其等于物体的质量与加速度的乘积,就能正确地描述物体的运动,这就是牛顿力学的实质所在。

(四)质点动力学方程

1.力的独立性原理

由牛顿第二定律描述可知,在有几个力同时作用在质点上时,实验告诉我们各个力之间并不相互干扰,每个力对物体的作用效果与其他力的存在无关,各个力对质点运动都有自己的贡献,而质点的合运动的变化是这几个力的独立贡献的合成,这一经验结论就叫作力的独立性原理或者称为力的叠加原理。

2.动力学方程

在物体同时受到几个力作用时,可以把这些力矢量按照矢量加法规则合成一个总的力矢量,牛顿第二定律就可进一步写成

$$F = \sum_{i=1}^{n} F_i = m\frac{\mathrm{d}v}{\mathrm{d}t} = ma$$

3.几点说明

由于$F = \sum_{i=1}^{n} F_i = m\frac{\mathrm{d}v}{\mathrm{d}t} = ma$刻画了质点运动的规律,从这个意义上讲可以把它叫作质点动力学方程,注意$F = \sum_{i=1}^{n} F_i = m\frac{\mathrm{d}v}{\mathrm{d}t} = ma$为抽象表达式。

从数学上看,动力学方程是一个二阶微分方程,其解法有(简单问题)解析方法、(较复杂问题)近似方法、(复杂问题)计算机数值解法。

动力学方程的作用:已知质点的初始位置、速度,解动力学方程可以找到质点运动规律(任一时刻的位置、速度、动力学方程、轨道等),其中初始

条件用于确定微分方程中的常数。

4.动力学与方法步骤

用经典力学处理质点动力学问题大致可划分为两类:一类是已知质点的运动情况(包括速度、加速度及轨道方程),求引起物体做某种特定运动时所受到的外力,这类问题称为第一类动力学问题,求解这一类动力学问题的数学工具一般来说相对简单,基本上不需要解微分方程,只需用简单的微积分工具就行了;另一类是已知作用在质点上的外力F和质点的初始运动状态求解质点运动规律,即找出质点位置、速度随时间的变化规律。第二类动力学问题也是经典力学的核心问题,在处理这类应用问题时数学要求相对来说要高一些,但力学中无论处理哪一类动力学问题均可参照下面的步骤进行。

隔离被研究的物体,分析其受力情况,画出物体受力草图。在实际问题中常常是许多物体联系在一起,这些物体彼此之间相互作用的情况可能很复杂,首先要把被研究的物体与其他物体分开以便于对其进行研究,这种方法也称为“隔离体法”。所谓“隔离体法”,并不是把被研究的物体简单地孤立起来,而是把外界和它的关系通过外界对它的力反映出来,在此基础上写出被隔离的物体受到几个力的作用,每个力的大小、方向如何。

根据实际情况选择好坐标系,建立质点的动力学方程,这包括两层含义:其一,因为牛顿定律只对惯性系成立,故尽量不要选择做加速运动的物体做参照系;其二,对物体的运动情况加以分析,选取适当的坐标系可以使运动方程相对易解,在建立动力学方程时应当注意,对力、速度、加速度等矢量投影时,若它们的方向与坐标系基矢量方向一致则取正号,否则取负号。

解动力学方程,在实际应用中求解运动方程时,结果常常包括一些积分常数,这些常数值必须通过质点运动过程中的某些特定初值(初始条件)来确定,如$t=t_0$时质点的位置与速度就是一个初始条件,另外,当微分方程过于复杂时,为抓住问题的主要方面,也常常采用近似方法。

对结果进行讨论,做这一步的目的主要是分析计算结果的物理意义。另外,动力学方程的有些解在数学中是成立的,而在实际问题中是无意义的或不可能的,这样的解应当舍去。

三、守恒定律

(一)动能定理

物体系就是由若干个物体(质点)组成的系统。在讨论物体系的动力学问题时要明确内力和外力的概念。内力是指物体系内各物体之间的相互作用力,它们以作用力和反作用力的形式成对地存在着,共同影响和决定着物体系的运动情况;外力是物体系以外物体对物体系内物体的作用力。物体系中各物体动能的总和,称为物体系(质点系)的动能。

中学物理中已经学习了关于单个物体的动能定理,即合外力对物体所做的功等于其动能的增量。该定理可以推广为物体系的动能定理:所有外力、内力所做的功的代数和等于系统动能的增量,其数学表达式为

$$A_e + A_i = E_{k2} - E_{k1}$$

式中:E_{k1}表示物体的初动能;E_{k2}表示物体的末动能;A_e为系统外力对系统内部所有质点所做的功的总和;A_i为系统内所有内力所做的功的总和。

(二)功能原理

对于一个物体系而言,内力又可分为保守内力和非保守内力。因此,

$$A_e + A_i = E_{k2} - E_{k1}$$

可改写为

$$A_e + A_{ie} + A_{in} = E_{k2} - E_{k1},$$

式中:A_{ie}为保守内力所做的功的总和;A_{in}为非保守内力所做的功的总和。

(三)机械能守恒定律

由功能原理可知,如果外力和非保守内力所做的功为零,则$E_{k2} + E_{p2} = E_{k1} + E_{p1}$,或$E = E_k + E_p =$ 恒量。

该式说明,当外力和非保守内力所做的功为零时,物体系的动能和势能可以相互转化,但它们的总和保持不变,这个结论叫作机械能守恒定律。

在应用机械能守恒定律解决力学问题时,要特别注意它的成立条件,即只有保守内力做功,非保守内力及一切外力不做功或总功为零。例如,一个物体下落时,若空气阻力很小,可以忽略不计,则只有保守内力——重力做功,其机械能守恒;若空气阻力较大,不能忽略,则物体在下落过程中克服阻力做功,将一部分机械能转化为热能,机械能就不守恒了。

(四)能量转换和守恒定律

自然界中存在着许多运动形式,如机械运动、热运动、电磁运动、化学运动、生物运动等。不同的运动形式对应不同形式的能量。在一定条件下,不同的运动形式之间会发生相互转化。与之对应,不同形式的能量也可以相互转化。例如,沿粗糙水平面滑动的物体,克服摩擦力做功,将它的机械能转化为热能;吊车吊起重物,拉力做功,将电能转化为系统的机械能。

实验表明,尽管各种不同形式的能量之间进行着转换,但对于一个不受外界影响的系统来说,它所具有的各种不同形式的能量的总和是守恒的。能量只能从一个物体传递给其他物体或者从一种形式转化为其他形式,它既不能被消灭,也不能被创造。这一结论被称作能量转换和守恒定律,它是自然界所有现象都服从的普遍规律。

四、力与力臂

无论是微分标尺天平、普通标尺天平,还是架盘天平、扭力天平,以及快速水分仪等专用天平,从力学的角度来分析,日常所见的各种机械天平都是在若干力的作用下达到或实现一种平衡的一个系统,因此有必要了解力和物体平衡的概念。

根据牛顿定律,力是使物体产生加速度或使物体产生变形的原因,是物体和物体间的相互作用。而物体间的相互作用,可以在相互接触时发生,也可以在相互不接触时发生吸引或排斥作用。力是矢量(既有大小,也有方向的量),人们通常把力的作用点、力的方向和力的大小称为力的“三要素”。力的作用点就是物体的着力点;力的方向就是物体在该力作用下,物体所趋向的运动方向;力的大小就是这个力与已知的单位力相互比较而得到的数值。力臂是支点到外力作用线的距离。力矩是力与力臂的乘积,是矢量。

一个物体受到外界的力的影响,其原有的平衡状态就会被改变,从而达到新的平衡。物体的平衡是指该物体在力的作用下所实现的平衡,此时,必须做到使作用在物体上的合力为零,合力矩亦为零。

物体的平衡类型可以分为三种,即稳定平衡、不稳定平衡和随遇平衡。

稳定平衡是指当物体受到微小扰动后能自动恢复到原来的平衡位置

的一种平衡状态;不稳定平衡是指当物体受到微小扰动后不能自动恢复到原来的平衡位置的一种平衡状态;随遇平衡是指当物体受到微小的扰动后,能在任意的位置上继续保持平衡的一种平衡状态。

对于一台合格的天平来说,则必须实现稳定平衡。

五、杠杆、杠杆平衡原理及杠杆的分类

(一)杠杆的定义及概念

杠杆是一种在外力作用下能绕某一固定轴转动的物体。一般来说,这个物体可以是直杆,也可以是曲杆或其他形状。杠杆上固定不动的点叫作"支点",主动力的作用点被称为"力点",被动力(通常是被测重量)的作用点称为"重点"。支点到主动力作用线的距离叫"力臂",支点到被动力作用线的距离叫"重臂",力点到支点的距离叫"力支距",重点到支点的距离叫"重支距"。

(二)杠杆平衡原理

杠杆平衡原理,是指当杠杆平衡时,作用于杠杆上的所有外力对转轴的力矩之和为零。根据这个原理,若天平处于平衡状态时,对于杠杆式天平来说,其支点左边的力矩之和数值的绝对值必然等于支点右边的力矩之和,但力矩的矢量方向位于转轴的轴线上。

(三)杠杆的分类

根据支点、重点和力点在杠杆中的位置不同,杠杆可以分成三类:支点位于重点和力点之间的杠杆叫"第一类杠杆",例如天平或若干秤的横梁;重点位于支点和力点之间的杠杆叫"第二类杠杆",例如台秤的长、短杠杆;力点位于支点和重点之间的杠杆叫"第三类杠杆",例如全刀口式架盘天平的辅助杠杆。

如果从杠杆平衡状态的角度来对杠杆进行分类,可以分为水平杠杆和倾斜杠杆。所谓水平杠杆就是指在任何允许的载荷作用下,它都能经常保持水平状态的杠杆,例如在天平、木杠杆、台秤等手动秤中大量使用的杠杆。所谓倾斜杠杆,就是倾斜角度随着外界载荷变化而变化的杠杆,例如在字盘秤、自动秤中使用的杠杆。

如果从使用杠杆的根数多少来看,杠杆又可分为单一杠杆和组合杠杆(即杠杆系)两大类。

一般从使用者角度来看,当采用杠杆平衡原理衡量物体的质量时,总要碰到被测质量所产生的力矩与标准质量所产生的力矩相互平衡的问题。如果要求测量的精度很高,常常采用天平的形式进行衡量。如果要求的精度不太高,常常采用“秤”的形式进行衡量。当被测质量不大时,使用一根杠杆就够了。但是,当被测质量较大时,使用只有一根杠杆的秤就不适宜了。因为这种秤比较笨重,而且用起来也不方便,所以,在这种情况下,人们往往用由两根、三根或更多的杠杆组成的秤,来测量物体的质量。这种由两根或两根以上的杠杆所组成的传力及称量系统一般叫作杠杆系。在杠杆系中,有一根杠杆叫作横梁(在衡器制造业中常称为“计量杠杆”),由它来确定天平或秤的平衡。其余的杠杆,有的是用来承受由承重装置传来的荷重(承重杠杆)的,有的是用来将荷重与承重杠杆传给横梁(传力杠杆)的。

如果按杠杆是否由两个或两个以上的单个杠杆合在一起,形成一个不可变的弹性体来分,杠杆可以分成单体杠杆和合体杠杆两大类。合体杠杆通常起着一根或两根杠杆的作用。

如果把杠杆按照连接方式来分类,还可以分成并联方式、串联方式和混联方式三大类。

人们常把合体杠杆、并联杠杆、串联杠杆及混联杠杆统称为组合杠杆。

合体杠杆又可细分为寄合合体杠杆(寓合合体杠杆)、协力合体杠杆(合力合体杠杆)和复合合体杠杆(重复合体杠杆)三类。

两个或两个以上的单体杠杆合成一体后,仍起两个单体杠杆或两个以上单体杠杆的作用,需用两个或两个以上的单独的力来分别平衡的合体杠杆,叫寄合合体杠杆。两个或两个以上的单体杠杆合成一体后起一个杠杆作用,用一个力或两个互相配合的力来平衡,叫协力合体杠杆。由两个或两个以上合体杠杆组合而成的合体杠杆,叫复合合体杠杆。

将两个或两个以上的杠杆的相同名称的点(例如力点或重点)连接在一起,叫杠杆的并联(并列连接),这种组合杠杆,叫并联杠杆系(并列杠杆系)。为了防止因被称量物体放置位置不同而造成的四角误差,两个并联杠杆的杠杆比例必须严格相等。为了设计与制造方便起见,常常将各并联杠杆相应的臂长做成对应相等的。

一般说来,并联杠杆系统大都是由两个或两个以上第二类杠杆连接而成的，当然，采用两个或两个以上的第一类杠杆进行连接的也有。但是，一个第一类杠杆与一个第三类杠杆绝对不能并联。

将两个或两个以上的杠杆的不同名称的点(例如力点和重点)连接在一起，叫杠杆的串联(顺联连接或直列连接)，这种组合杠杆叫串联杠杆系(顺联杠杆系或直列杠杆系)。

一般说来，串联杠杆系统不能用两个或两个以上的第一类杠杆组成。但一个第一类杠杆和一个或一个以上的第二类杠杆或者两个或两个以上的第二类杠杆都可以组成串联杠杆系统。在串联杠杆系中，最上面的一根杠杆通常是横梁，这也是串联杠杆系的一个特征。

若在组合杠杆中，既有串联方式，又有并联方式，则我们把组合杠杆的这种连接方式叫混联，这种组合杠杆，叫作混联杠杆系(混合连接杠杆系)。混联杠杆系兼有并联杠杆系和串联杠杆系的优点，适合于在既要求有较大的传力比，可以衡量较大的质量，又要求有比较宽阔的台面，以作放置外形尺寸较大的被测物体的质量计量仪器上使用。

六、衡量原理

(一)衡量和衡量方法

衡量就是利用天平或秤，为确定物体质量量值而进行的一组实验工作。衡量方法就是在衡量过程中所采用的衡量原理、衡量器具和比较步骤的方法之总和。

在我们的质量计量工作中，主要是用直接测量法进行衡量的。用得最多的是比例称量法、一般替代称量法、门捷列夫称量法及交换称量法。

(二)一般替代称量法

此种方法是法国科学家波尔达首先提出的，所以后来有人就把这种方法叫波尔达称量法，通常简称为替代称量法。

具体方法：把被测物体放在一个秤盘上，在另一个秤盘上放上配衡物，使天平实现平衡，并读取平衡位置L_A，然后，把被测物体从秤盘上取下来，放上相应的标准砝码，使天平仍能在L_A附近实现平衡，设此时所读取的平衡位置为L_B，最后，把一感量砝码添加在放标准砝码的秤盘上读取平衡位置L_{Br}，则被测物体质量m_A为$m_A=m_B=(V_A-V_B)\rho_K\pm(L_A-L_B)m_r-V_r\rho_K/L_{Br}-L_B\pm(m_w-V_w\rho_K)$。

式中：m_A为被测物体质量；m_B为标准砝码质量；V_A为被测物体体积；V_B为标准砝码体积；ρ_K为空气密度；m_r为感量砝码的质量；V_r为感量砝码的体积；m_w为替代时为实现平衡所添加的小的标准砝码质量；V_w为此标准小砝码的体积；L_A为秤盘放被测物体A时的平衡位置读数；L_B为秤盘放标准砝码B时的平衡位置读数；L_{Br}为当秤盘上同时放有标准砝码B和感量砝码r时的平衡位置。

第二节 质量计量器具的分类

一、按操作方式分类

根据衡器的操作方式的不同，把衡器分为非自动衡器和自动衡器两类。

（一）非自动衡器

非自动衡器，又称非自动秤，它是指在称量过程中需要人员操作（例如向承载器加放或卸去载荷，或取得称量结果）的秤[①]。对此类秤的指示或打印的称量结果均用“示值”一词来表述，是可以直接观察的。目前制造和使用的衡器95%以上属于非自动衡器。

（二）自动衡器

自动衡器，是指在称量过程中无需操作者干预就可获得称量结果的衡器，例如皮带秤、自动定量秤、电磁吸盘吊秤及自动轨道衡等。

非自动秤可分为自动指示的和非自动指示的。

非自动指示秤是指完全靠人员操作来取得平衡位置的秤。主要包括各种机械杠杆秤，如移动式的案秤、台秤，固定式的地秤、机械吊秤等。需要靠操作者向承重板上加、卸载荷以及移动游铊或加放增铊才能得到称量结果。

自动指示秤是指无人操作即可取得平衡位置和称量结果的秤。例如

①蔡常青．我国非自动衡器型式试验的现状与发展[J]．现代计量测试，2000(01)：63-65.

电子计价秤、电子汽车衡、度盘秤等，只要操作者将称重物加放在秤盘或承重台上，衡器再无需人员操作，便能自动达到平衡，并将称量结果指示出来。这里需要说明的是，自动衡器和自动指示秤是两个不同的概念，不能将自动指示秤误认为自动衡器。

非自动秤按指示方式不同，又可分为模拟指示秤和数字指示秤。模拟指示秤指以弹簧或机械杠杆为称重元件，有指针和度盘指示的秤，如弹簧度盘秤、度盘秤等。数字指示秤指装有电子装置的秤，如电子计价秤、电子台秤、固定式电子台秤、固定式电子秤等。这些电子秤的称量结果均以数字形式指示。

二、按准确度等级分类

非自动衡量仪器（包括天平和秤）的准确度分为4个等级：

Ⅰ——特种准确度级；Ⅱ——高准确度级；Ⅲ——中准确度级；Ⅳ——普通准确度级。

其中，特种准确度级特指天平，而非自动秤的准确度等级通常为3级和4级。

非连续累计自动衡器共分4个等级，即0.2级、0.5级、1.0级、2.0级。其中，0.2级和0.5级相当于Ⅲ级秤，而1.0级和2.0级又相当于Ⅳ级秤。

三、按衡量原理分类

按衡量原理的不同，衡器可分为杠杆原理式、弹性元件变形式、力－电转换式和液压秤4类。

四、按用途分类

按使用目的的不同，衡器可分为商用秤、工业秤和专用秤3类。

（一）商用秤类

一般用于商业流通领域，属商业贸易计量器具，如杆秤、案秤、台秤、度盘秤、电子计价秤及轨道衡等。

（二）工业秤类

一般用于矿山、冶金、机械、炼钢、化工、纺织、轻工、交通运输等部门，如地秤、定量秤、配料秤、电子吊秤、电子皮带秤和称量车等。

（三）专用秤类

一般用于国防、矿山、冶金、轻工、化工、纺织、交通运输等部门，称量（或配置）某种特定物质，如比例秤、飞机秤、包裹秤及包装秤等。

五、按管理性质分类

衡器按其管理性质可分为强制管理衡器和非强制管理衡器两类。

（一）强制管理衡器

按我国计量法规定，凡用于贸易结算、安全防护、医疗卫生、环境监测等方面的衡器一律实行强制管理，即实行强制检定。属于强制检定的衡器包括各种各样的商业秤以及用于上述目的的各种衡器。

（二）非强制管理衡器

除了强制管理衡器之外，用于其他目的或企业用于工艺过程的各种不同种类的衡器属于非强制管理衡器，不进行强制检定。

此外，还可以按其结构形式分为机械式秤、机电结合秤和电子秤三大类；按计量方式又可分为静态计量衡器和动态计量衡器等。

第三节 电子衡量仪器基础知识

长期以来，人们一直采取机械杠杆衡器进行称量。应用杠杆原理，将被测物体与标准质量进行对比之后，得到被测物体的实际质量。随着称量技术不断发展，完全依赖机械杠杆式的称量方式已不能满足自动化生产和自动化管理等多方面的需要。非电量电测技术的发展以及各种类型的高精度、多用途的称重传感器研制成功，通过机电结合，应用电子技术进行快速、自动称量的方法，得到广泛的推广及应用。

电子衡器是一种利用力－电转换原理，将非电量“质量”转换为电量进行测量的计量设备[①]。电子衡器也可以说就是装有电子装置的一种衡器。电子装置可以是一个完整的衡器（如计价秤、计数秤等），也可以是衡器的一个部分（如显示仪表、打印机等）。所以，电子衡器包括通常所说的全电子秤（纯电子秤）和机电结合秤。

①毕小亮．浅谈电子衡器称重传感器的常见故障与处理[J]．衡器，2014，43(02)：42-44.

一、电子衡器的组成与特点

(一)电子衡器的组成

测定物体质量的电子衡器均由以下几个部分组成。

1.承重、传力复位系统

它是被测物体与转换元件之间的机械传力复位系统,又被称为电子衡器的秤体。包括接受被测物体载荷的承载装置(秤台、秤钩、秤斗、秤架)、传力结构与限位减振机构等。它的作用是将被测物体的质量完整地传递给称重传感器的机械系统。

2.称重传感器

称重传感器是将非电量(重量)转换成电量的元件,是把承重装置传递的物体重量转换为电量输出的元件。其输出的电量与重量之间一般呈线性关系,因此是一种重量信息的转换器。它们借助于转换元件,接收重量信息,并按一定规律将其转换成便于测量的物理量(通常是电量)。转换元件是称重传感器最基本的组成部分。

3.测量显示和数据输出的测量装置

处理称重传感器输出信号的电子线路(包括放大器、模数转换、电流源或电压源、补偿元件和保护线路等)和指示记录部件(如显示、打印和数据传输等),通常称为测量仪表或二次仪表。在数字式的测量电路中,包括前置放大、滤波、运算、计数、控制、显示等环节。在先进的电子秤中已将微处理器或小型计算机系统作为测量和显示部件,使电子衡器能具有无人操作、自动识别等更复杂的功能,因此要求测量电路应具有高的信噪比和足够的增益以及尽可能小的失真。

(二)电子衡器的工作原理

当被称物体放置在秤体的秤台上时,其重量便通过秤体传递到称重传感器,传感器随之产生力-电效应,将物体的重量转换成与被称物体重量呈一定函数关系(一般成正比关系)的电信号(电压或电流等)。该信号传输到称量数显仪表(或系统)后,经放大、滤波、数模转换等环节转换成数字量,经标准砝码标定之后,由显示器以数字方式将物体的质量显示出来,实现对被称物体的称量。

(三)电子衡器的分类

电子衡器的分类方法很多,现主要介绍下面几种分类。

1.按电子衡器的定义分类

(1)纯电子衡器

电子装置是一个完整的衡器或完整的称量系统。

(2)机电结合型电子衡器

由机械式衡器的杠杆传力系统与电子装置组成的电子衡器。

2.按使用的传感器原理分类

(1)电阻应变式电子衡器

使用电阻应变式称重传感器的电子衡器。

(2)电感式电子衡器

使用电感式称重传感器的电子衡器。

(3)压磁式电子衡器

使用压磁式称重传感器的电子衡器。

(4)压电式电子衡器

使用压电式称重传感器的电子衡器。

3.按计量特性分类

(1)静态电子衡器

在称量时,被称物体和承重装置没有相对运动的电子衡器。

(2)动态电子衡器

在称量时,被称物体与承重装置有相对运动,这种运动可以是连续的,也可是间断的。

4.按应用范围分类

(1)商用电子衡器

一般用于商业流通领域,属于贸易结算的计量器具,例如电子计价秤、电子台秤等。

(2)工业用电子衡器

一般用于矿山、冶金、机械、轻工、纺织、交通运输等部门,例如电子汽车衡、电子吊秤、电子皮带秤、电子轨道衡、电子定量秤、电子配料秤等。

(3)专用电子衡器

一般用于国防和工业生产部门的专门称量(或配料)某种特定物体的

称量控制。

5.按自动化程度分类

(1)普通型电子衡器

采用普通称量显示仪表,一般只具有重量显示、累计显示等功能。

(2)具有微处理器的电子衡器

采用以单片微机作数据处理单元而设计制造的称量数显控制仪表,具有较多的控制和数据处理功能。

(3)智能化称量管理系统

是一种带小型计算机的由一台或多台电子衡器组成,集称量、控制、管理为一体,具有复杂的多种功能的称量系统。

(四)电子衡器的特点

电子衡器与传统的机械杠杆式衡器相比,称量方便快捷,分辨率高,称量值可以数字显示和打印记录,准确可靠。这样不但可以消除读数误差,而且可以实现重量信号的远距离传输,以达到集中控制和生产过程自动控制的目的。

与传统的机械杠杆式衡器相比,全电子衡器除具有上述特点外,还具有以下特点:①承重装置结构简单、体积小、重量轻、制造简单、安装调试方便、适应性强、形式多样,受安装的限制小;②称量范围宽,小到几公斤甚至几百克,大到几十吨甚至上百吨,使用领域广,能满足不同场合的需要,如高温、高湿、高粉尘、高噪声、辐射等环境;③没有杠杆比要求,也没有刀刃和刀承磨损的影响,维护保养简单,工作量小,减少了日常投入;④称重传感器反应速度快,可提高计量速度,从而提高称量效率,操作简便,提高了计量准确度;⑤分辨率高,重复性好;⑥电子衡器可动态计量或与某些作业同时进行,大大缩短了作业时间,提高了效率,如动态电子轨道衡,就是在列车运行过程中同时完成称量工作,电子吊秤则是在物体吊运过程中同时完成称量工作;⑦自动化和智能化程度高,电子衡器具有称量、计算、控制、检验、通信及管理等多方面的功能,并能实现全过程的自动化。

二、称重传感器

（一）称重传感器的定义与组成

1.定义

它是一种力传感器，通过把被测量（质量）转换为另一种被测量（电量）来测量质量的力传感器。

称重传感器是电子衡器的重要组成部分，在使用称重传感器时，应考虑使用地点的重力加速度和空气浮力的影响。电子衡器应用称重传感器把被测物体的重量转换成电量，然后通过相应的检测仪表显示物体的质量。由此可见，称重传感器的性能好坏对电子衡器的性能是至关重要的。

2.组成

称重传感器一般由敏感元件、变换元件、测量元件等几部分组成，有时还加辅助电源。

（1）敏感元件

敏感元件是直接感受被测量（质量）并输出与被测量有确定关系的其他量的元件。如电阻应变式称重传感器的弹性体，将被测物体的质量转变为形变；电容式称量传感器的弹性体，将被测的质量转变为位移。

（2）变换元件

变换元件又称传感元件，是将敏感元件的输出量转变为便于测量的信号的元件。如电阻应变式称重传感器的电阻应变计（或称电阻应变片），将弹性体的形变转换为电阻量的变化；电容式称重传感器的电容器，将弹性体的位移转变为电容量的变化。有时某些元件兼有敏感元件和变换元件两者的职能。如压电式称重传感器的压电材料，在外载荷的作用下，在发生变形的同时输出电量。

（3）测量元件（测量电路）

测量元件将变换元件的输出量转变为电信号，为进一步传输、处理、显示、记录或控制提供方便。如电阻应变式称重传感器中的电桥电路，压电式称重传感器中的电荷前置放大器。

（4）辅助电源

辅助电源为传感器的电信号输出提供能量。一般称重传感器均需外接电源才能工作。因此，作为一个产品，必须标明供电的要求，但不作为称重传感器的必要组成部分。有些传感器,如磁电式速度传感器,由于它输出的能量较大,故不需要辅助电源也能正常工作。所以并非所有传感器都要有辅助电源。

(二)称重传感器的种类

称重传感器的种类较多,但根据变换工作原理来分,主要有电阻应变式、电容式、差动变动器式、压磁式、压电式、振频式、陀螺式等。现简述如下。

1.电阻应变式传感器

将电阻应变计(电阻应变片)粘贴在弹性体上,当弹性体受外力(拉力或压力)作用产生形变时,电阻应变计将该形变转换成电量输出,通过相应的测量仪表检测出这个与外加重量呈一定比例关系的电量,从而测出质量。

2.电容式与差动变压器式传感器

通过弹性体将物体质量转换成位移,从而引起电容和电感的改变,利用相应的测量仪表检测出这个变化的电容量和电感量,再换算成质量。

3.压磁式传感器

利用铁磁物质在外加质量作用下,铁磁材料的磁导系数和磁阻的改变,从而使绕在铁芯上的线圈阻抗变化,线圈阻抗的变化与质量呈一定比例关系,因此检测出线圈阻抗的变化,便可求得质量。

4.压电式传感器

利用某些晶体介质在受一定方向外加质量作用时,引起内部正负电荷的相对转移,从而使晶体两端表面上出现符号相反的束缚电荷,其电荷密度与质量成正比。

5.振频式传感器

金属丝或金属膜片的固有振动频率不仅与其几何尺寸、材料、密度有关,而且还与内部应力状态有关。当它们的几何尺寸、材料、密度一定时,外加的质量可以改变它们的内部应力,因而其振动频率也就相应改变,利用振频测量仪器测出频率的变化量,即可求得质量。

6.陀螺式传感器

利用陀螺进动特性和力矩效应工作,是近几年来发展起来的一种新型的称重传感器,其特点是作用力方向上无位移,不存在静平衡问题以及弹性应变中的贮能和恢复问题，因而无滞后、刚性大、线性好、响应快、分辨率高、稳定性好、抗干扰能力强。由于是直接数字输出，没有模数转换问题，因而陀螺式称重传感器更加引人注目。

在上述称重传感器中，当前应用最为广泛的称重传感器是电阻应变式称重传感器，因为这种传感器的结构比较简单，技术比较成熟，制作容易，准确度高，稳定性好。

三、电阻应变式称重传感器

电阻应变式称重传感器之所以能作为质量—电量的转换元件，是基于金属丝在受拉或受压后会发生弹性变形，其电阻值也随之产生相应的变化这一物理特性实现的。当电阻应变片的金属丝承受外力作用发生弹性变形时，它的长度L、截面积S及电阻率ρ均会发生相应变化。此时其电阻相对变化为

$$\frac{\Delta R}{R}=(1+2\mu)\frac{\Delta L}{L}+\frac{\Delta\rho}{\rho}$$

应变片的应变系数为

$$K_0=\frac{\Delta R/R}{\Delta L/L}=(1+2\mu)+\frac{\Delta\rho/\rho}{\Delta L/L}$$

式中，μ为泊松比系数，一般金属的μ=0.20～0.40。

根据上述原理制成的称重传感器主要由三部分组成，即弹性元件、电阻应变片和测量电路。用专门、十分严格的粘贴技术并通过连接线将这三者连接起来，就可以实现质量—电量信号之间的线性变换。

（一）电阻应变片的主要技术特性

1.灵敏度

金属丝的灵敏度系数（K_0）是表示金属丝受力后，电阻的相对变化与轴向长度的相对变化之间的关系。当将金属丝制成应变片之后，应变片的灵敏度系数K就是一个新的量值了，而且K恒小于K_0。这是由于除了胶基对力传递变形失真外，主要还存在横向效应，而且K还是温度的函数，所以对K的主要要求是稳定性。

2.横向效应

粘贴在试件上的应变片，其敏感栅由许多条直线及圆角部分组成。当受到纵向应力之后，直线段的电阻将增加，圆角部分的电阻将减小，其综

合效应是使应变片的灵敏度下降，这种现象被称为应变片的横向效应。在工程上采用箔式应变片可以减小横向效应。

3.线性度

试件上的应变敏感元件，其电阻的相对变化 AR/R 在理论上呈线性关系。实际上，当施加到试件上的力超过一定范围时，就会出现非线性关系。

4.机械滞后和热滞后

当对贴有应变片的试件循环加载和卸载时，应变片的 AR/R 与 SL/L 之间的特性曲线的不重合程度被称为机械滞后。把加载和卸载特性曲线的最大差异值称为应变片的机械滞后值。它的物理意义是，保持外界条件不变，在对试件循环加载、卸载过程中，对同一载荷，应变片输出的差值即为机械滞后值。

当试件受到恒定外力，环境温度改变时应变片的电阻也要变化。在循环改变温度时，应变片在同一温度下的电阻差值被称为应变片的热滞后值。工程上只对在中温（60 ~ 350℃）和高温（大于 350℃）条件下使用的应变片考虑热滞后特性。

5.零漂和蠕变

在恒温条件下，贴有应变片的试件不承受载荷，应变片的阻值随时间变化的情况被称为应变片的零漂。

在恒温条件下，加到贴有应变片的试件上的载荷力恒定，应变片的应变输出随时间变化的情况被称为应变片的蠕变。

6.应变极限

粘贴在试件上的应变片所能测量的最大载荷力被称为应变极限。在恒温条件下，缓慢均匀地施加载荷力，当应变片的输出大于机械应变的10%时，就认为应变片已接近破坏状态，此时的应变值就被称为应变极限值。

7.电阻应变片的疲劳寿命

应变片粘贴到试件上之后，在应变极限之内往复循环地施加载荷，应变片所能承受某一特定载荷作用的循环次数为应变片的疲劳寿命。

8.电阻应变片的容许电流

应变片接成桥路之后，当有电流通过时，将会产生热量，可以使电阻应变片的温度升高。当电流超过允许电流值时,可能造成应变片烧断栅丝。显然,允许电流与试件的尺寸、材料的导热系数及应变片本身的尺寸等条件有关。使用中不允许电流超过允许电流的数值,并注意相关的条件。

9.电阻应变片的绝缘电阻

应变片的引线与试件之间的电阻值被称为绝缘电阻。它的数量级为兆欧级。

10.电阻应变片的动态响应特性

进行动态测量时,应变是以应变波的形式在材料中传播(传播速度与声波相同)的,当应变波在应变片的敏感栅的轴向传播时,将会产生延迟。当测量以正弦规律变化的载荷时,应变片反映的应变波形是线栅长度内所感受变量的平均值,故所反映的波幅将低于实际应变数,从而造成测量误差。其误差还将随应变片的基长增大而增加。一般制造动态测量用应变片时,要将应变片的基长设计成应变波长的1/10～1/20。

(二)称重传感器的连接形式

机械杠杆式衡器利用杠杆串联、并联、串并联(又称混联)形式,组成各种不同结构的杠杆系,达到增大传力比、扩大承重台面积的目的,以满足各种不同用途衡器的需要。而电子衡器运用称重传感器替代了古老而笨重的杠杆结构,电子衡器的使用场合不同,它使用的称重传感器的个数也不相同。例如由1个称重传感器组成的电子吊秤、电子计价秤等,由3个称重传感器组成的电子料斗秤等,由4个称重传感器组成的电子平台秤、电子汽车衡等,由6个称重传感器组成的大秤台电子汽车秤等,由8个称重传感器组成的双台面电子轨道衡等,由48个称重传感器组成的电子机车秤等。对于使用多个称重传感器组成的电子衡器,称重传感器之间的连接形式不是简单划一的,而是多种多样、各不相同的,并具有各自的优缺点。

1.串联形式

称重传感器串联连接形式是一种应用广泛而常见的连接形式,它主要适用于静态计量方式与要求精度较高的场合。

优点:①输出信号大,由于总输出信号大,因此对检测仪表要求低,并容易提高它的显示精度;②对各个传感器灵敏度的一致性要求不高,当各个传感器受力相等时,因传感器灵敏度不一致而引起输出不等,只要调整供桥电流就可使传感器输出达到一致的目的；③各个传感器的输入阻抗等不一致，不会影响总输出的量值，因此对称重传感器无需选配，一般都能使用。

缺点：①传感器的供桥电源各自独立，并对其相互间的绝缘性能要求较高；②抗干扰性能较差，需要采取严格的屏蔽、接地、滤波等技术抑制干扰；③在输出电缆较长、分布电容较大的场合，其输出信号的过渡时间要增加，因此不适宜于快速动态计量。

2.并联形式

它主要适用于动态快速计量，并对称重精度要求不高的场合。

优点：①输出阻抗小，因此抗干扰性能强，同时有一定分布电容存在时，对输出信号动态特性的影响也小；②供桥电源各自独立，便于调整，相互影响小。，同时各电源间的绝缘性能要求比串联连接要低。

缺点：①对并联传感器各个参数的一致性要求较高，其输入输出阻抗要求一致，甚至灵敏度也要一致，并要应与衡器的精度要求相对应，在传感器组合时要注意选配，必要时可加以补偿，使参数尽可能一致；②传感器并联后内阻虽然减小，但总的输出信号 U。约为单个传感器的输出信号，因此检测仪器应具有高灵敏度、高增益且线性好的体验，只有这样才有可能提高测量精度。

3.串并联形式

传感器串并联连接形式是一种通用的连接形式，它兼有串联形式和并联形式的优点。

称重传感器电气连接形式多种多样。在实际工作中应依据具体的使用条件、计量方式、精度要求等来选择连接形式，以求得满意的结果。

四、电子衡器的显示控制仪表

显示控制仪表和称重传感器一样，是电子衡器必不可少的组成部分。其误差会直接反映到被称物体的称量结果中，所以应当选用与电子衡器精度要求相当的显示控制仪表。20世纪60年代初，我国开始研制电子衡器。由于当时称重传感器性能差，因此，对显示仪表没有提出特殊的要求，一般采用通用的毫伏变送器，较多地采用自动平衡式电子电位差计。这类仪表价格便宜，线路简单，一般只适用于精度要求不高的场合，如工业生产过程的料重指示、过载报告等。

随着生产和科学技术的不断发展，对称量技术提出了新的要求，诸如数字显示、自动化控制等，到20世纪70年代开始采用直流数字电压表，逐步替代了模拟指示仪表。数字式仪表的精度高，测量速度快，减少了人为误差，并可配用打印机，实现自动记录。此外，它还能将信号远距离传输，实现遥控等。

目前，微处理机已大量普及。功能完善的带微处理机的显示控制仪表已日趋增多。可以根据预先编制的程序，对称量过程进行处理和控制，完成对仪表的自动校准、自动零点跟踪、自动量程切换、自动逻辑判断、自动存取并更改调节值，还能对采得的数据进行判别、处理并根据给定的数学模型进行计算，对测试结果进行修正，自动求得诸如总量、皮重、净重，并能显示单价、车号、日期等。特别值得一提的是，应用微处理机可实现动态称量过程中的实时分析和数据处理。所以，微处理机已使电子衡器的功能得以扩展，称量精度得以改善，并能满足国际建议规定的有关要求，适应多种称量场合的需要。

（一）显示控制仪表的主要技术要求

在电子衡器中，显示控制仪表一般应与该衡器运用的称重传感器相对应。当前国内外应用最广泛的称重传感器是电阻应变式称重传感器，其激励电压大多为直流稳压电压，输出为直流电压。由此可知，称量仪表多用于测量直流电压。

1.满度输入电压范围

一般称重传感器输出的灵敏度为2 mV/V，激励电源的电压10 V，所以在额定载荷下，最大输出直流电压为20 mV左右。可是称重传感器的使用载荷通常仅为额定载荷的1/2～2/3，这就决定了仪表的满度输入电压约为10～15 mV左右。当称重传感器输出灵敏度和激励电压较高，满度输入电压达30 mV以上时，仪表通过调整也应适应这种要求。仪表的极限显示值，一般应比电子衡器最大称量显示值至少大3个分度值，但不宜超过最大称量示值的10%。

2.仪表的灵敏度

仪表的稳定分辨率一般为1μV。它取决于称重传感器的最大输出电压和仪表要求的显示准确度。

3.输入噪声

输入噪声的大小直接影响微弱信号的检测和使用。要求仪表内部噪声应小于有用信号的幅值，一般不低于1∶2，即噪声幅值不应超过有用信号幅值的1/2。

4.输入电阻

输入电阻R_1在检测称重传感器的输出电压时，应使R远大于称重传感器的输出电阻R_2。一般$R_1 \geqslant 3R_2/\delta$（$\delta$为显示控制仪表要求的准确度）。

5.抗干扰能力

在现场机电设备的干扰下，显示控制仪表能正常工作。由于现场环境往往比较恶劣，一般会有50 Hz的工频干扰等，为了适应这种状况，应对仪表应采取一些必要的措施。例如：①设有模拟滤波器，其截止频率$f \leqslant$ 50 Hz，每10倍频程衰减40 dB；②设有同供电源频率同步的程序；③设有数字滤波器；④共模抑制比≥120 dB。

6.内分辨率和显示分辨率

（1）内分辨率

内分辨率主要取决于模数转换器，一般满度码数大于5 000，有的高达500 000。其理由是：①有利于提高电子衡器的灵敏度，保证显示的准确度；②有利于置零、零点跟踪等功能的设置和完成，给操作带来方便；③有利于电子衡器的调试、检测和修理。

（2）显示分辨率

一般显示分辨率不超过内分辨率的1/4，例如内分辨率为2×10FS，则显示分辨率最高1×10FS。

7.显示速度

在静态称量中显示速度一般为20～50 ms。

在动态称量中显示速度小于20 ms，有的每秒可达上百次。

8.准确度和稳定度

非线性≤5×10FS；温度系数≤1×10FS/C；长期稳定性≤2×10FS/a。

准确度应与电子衡器的准确度相对应，一般认为仪表的综合误差不得超过电子衡器最大允许误差的0.7倍。

9.安全性能

电源是为电网供电的仪表，其电源输入线及有关电路对表壳及其他电路的绝缘性能应符合以下要求:①工频交流漏电流不应大于3.5 mA;②直流绝缘电阻应大于5 MΩ;③耐压试验时,在直流1 500 V下1 min不击穿。

10.工作条件

一般情况下应满足下列要求并能正常工作:①温度范围为0~40℃;②相对湿度RH≤90%。③电源电压为220 V,波动范围为-15%~+10%,频率为50 Hz,波动为+2%;④对于电池供电的称重仪表,当电池电压不符合正常要求时,应给出欠压指示。

(二)显示控制仪表的基本功能

1.自检功能

它可使各数码管字段、最大称量、分度值等内容逐一显示出来,表明仪表工作程序正常。

2.置零功能

一般有开机自动置零功能和手动置零功能两种方式,其置零范围小于等于10%FS。它主要用来贮存需要知道的称量数值,以避免同所求称量数相混淆,造成人为误差。

3.零点跟踪功能

零点跟踪的分辨率小于或等于0.25e,其跟踪范围小于10%FS。它主要用于清除称量过程中零点缓慢变化的影响。

4.去皮功能

去皮范围为0~100%F.S,而且工作时有明显标记。

5.显示功能

一般应能显示自校、零位、毛质量、净质量等,有的还能显示时间(年、月、日)、车号、货号及累加值等。

6.改变满度功能

通常是通过仪表内部DIP(dual inline-pin package)改变量程,以适应各种不同最大称量的需要。

7.改变分度值功能

通常也是通过仪表内部DIP改变同一量程的分度数来完成,以满足各种电子衡器在调测、检定、使用等不同情况的需要。

8.校准功能

有的采用硬件方法,有的采用软件方法,它们均依据标准砝码质量来改变仪表灵敏度，从而修正不同工作地点和条件的差异所产生的影响。采用软件方法与采用硬件方法相比具有操作简单、可靠等优点。

9. 过载显示或报警功能

一般二次仪表的显示范围不大于 max+9e，超过 max+9e 时不显示，并发出过载信号，它可以及时提醒人们，使衡器脱离过载状态，保证衡器的正常安全使用。

10. 设有输出接口，可配接打印机

可以打印示值、毛质量、净质量、皮质量及多种货物的累加值、车号、货号、年、月、日、时等。此外，还有停电保护、定值设定、动态检测、互锁禁止、单位显示等功能。总之，具体要求应根据用户实际需要而定。

（三）微机在显示控制仪表中的应用

1. 工作原理

它由运算器和控制器两部分组成，以 CPU 为中心配以存储器和接口电路，与称重传感器、模数转换器、数字显示器、打印机等，构成一个完整的电子称量系统。由称重传感器输出的模拟信号经放大并通过模数转换器，变成数字信息送至 CPU 的运算器。在控制器的控制下，运算器对输入的数字信号快速地进行运算和逻辑判别等，以实现存储器内事先编制好的称量程序、修正程序、逻辑判别程序、数字滤波程序和数据处理程序等，最终完成特定要求的称量过程。

2. 采用微处理机仪表的特点

仪表体积小、元件少、重量轻、功能多。

微处理机运算速度快，数据处理功能强，适宜动态计量中的实时信号处理。

数字滤波程序大大地提高了仪表的抗干扰能力。

可灵活地利用软件实现去皮、定值控制、累加、自动调零、自动补偿、按各种数学模型进行数据处理等功能。

可采用具有光电耦合器进行隔离的 ASCII 代码的电流环输出，使信息传输至 2 000 m，传输速率可根据终端设备情况选择。在一个电流环内可以串联多个显示器，分别显示总量、净重、皮重及设定值的各种内容。由于采用了ASCII码，使单印格式多样化，还可采用字符显示器，进行人机对话。

较容易实现仪表自检、自修、自诊断功能。例如利用显示器的正常亮度、暗淡、闪烁和熄灭来表示称重处于正常、超载、低于零位或有故障等不同状态。

第四章 机械天平

第一节 机械天平的基础知识

一、什么是天平的四大性能

天平是进行质量量值传递和各种衡量工作必不可少的计量仪器。为了保证计量检定工作的正常进行,应该定期检查天平的四大性能是否符合要求[①]。天平的四大性能,有的地方也叫天平的计量性能,是指天平的灵敏性、稳定性、正确性和天平示值的重复性。

二、什么是天平的灵敏性

天平的灵敏性是指天平能够觉察出放在秤盘上的物体质量改变量的能力。天平能够觉察出来的质量改变量越小,则说明天平越灵敏,就是说天平灵敏性越好。天平的灵敏度是指引起天平指针位移与其量值的比值。天平灵敏度的表示方法,有如下几种。

(一)天平的角灵敏度

天平指针的角位移与在某一秤盘上所添加的砝码质量之比称为天平的角灵敏度:

$$E_a=\frac{a}{p}$$

式中:E_a为天平的角灵敏度;a为天平指针的角位移;p为天平秤盘上所加砝码质量。

(二)天平的线灵敏度

天平指针沿标牌所做的线位移与在某秤盘上所加的砝码质量之比称为天平的线灵敏度:

①尹雪,陈楠.力学计量仪器检定方式及细节问题研究[J].中国设备工程,2020(22):158-159.

$$E_l=\frac{n\lambda}{p}$$

式中：E_l为天平的线灵敏度；n为指针尖端沿标牌移动的分度数；λ为刻度间距；p为秤盘上所加砝码质量。

(三)天平的分度灵敏度

天平指针沿标牌移动的分度数与在某秤盘上所加的砝码质量之比称为天平的分度灵敏度：

$$E_n=\frac{n}{p}$$

式中：E_n为天平的分度灵敏度；n为天平指针移动的分度数；p为秤盘上所加砝码质量。

(四)天平的分度值

在天平某一秤盘上所添加的小砝码质量与天平指针沿标牌移动的分度数之比称为天平的分度值。或者说，能使天平平衡位置在天平标牌上改变一个分度所需要的质量值叫天平的分度值：

$$e=\frac{p}{n}$$

式中：e为天平的分度值；p为秤盘上所加砝码质量；n为天平指针移动的分度数。

天平的分度值与天平的分度，灵敏度互为倒数关系，即

$$e=\frac{1}{E_n}$$

在实际工作中，我们会经常用到天平灵敏度的后两种表示方法，必须牢记。分度值，有些地区和个人习惯叫“感量”，而又有一部分人也将天平分度灵敏度叫作“感量”，所以容易混淆概念，建议不用“感量”一词。

三、什么是天平的稳定性

当天平横梁受到扰动后，能够回到初始平衡位置的能力称为天平的稳定性。天平稳定性的好坏，决定于天平横梁的重心位置。当横梁重心位置在支点的下方时，则天平的稳定性就好，反之横梁重心位置与支点重合或在支点上方时，则天平的稳定性就差。横梁重心位置在支点的下方位置要适中，并不是越低越好，否则会破坏天平的另一个性能——天平的灵敏性。

四、什么是天平的正确性

天平横梁两臂的长度具有一定的比例关系，这种比例关系称为天平的正确性。对于等臂天平，它的正确比例关系为1:1，如果两臂不相等，就会造成衡量结果失准，而且随着载荷的增加，不等臂误差也随之加大。对于单盘天平，因其横梁设计要求为不等臂形式，所以不存在不等臂性误差。

五、什么是天平示值的重复性

同一台天平，在相同条件下多次衡量同一物体，所得到的衡量结果的一致性称为天平示值的重复性。

然而，在实际工作中，对同一物体的多次测量，往往结果不相一致，但只要不超出国家有关规定的允许误差，即为合格天平。也就是说变动性越小，就意味着天平示值重复性越好，反之，天平示值重复性就越差。

影响天平示值重复性的因素很多，因此要从各个方面注意维护保养，减小天平的变动性。

综上所述，首先要保证天平的稳定性，才能顾及其他三大性能。四大性能之间的关系是相辅相成的，互相影响又互相制约。只有保证四大性能的良好，才能保证天平的正常工作。

六、天平都有哪些种类

随着我国生产和科学的发展，生产天平的厂家也在不断增长，天平的种类也越来越多，其构造与形式日益复杂和多样化。在这里我们主要介绍一些常见的种类。

(一)按天平的衡量原理划分

1.杠杆原理天平

杠杆原理天平衡量的结果是物体的质量而不是重量。

(1)等臂杠杆天平

等臂杠杆天平的支点位于力点和重点连线的正中间，即左臂与右臂完全相等。目前，这种天平在我国使用得最多、最普遍，本书以此种天平为介绍的重点。

等臂单盘天平。目前，在我国还没有生产过，主要是进口国外的天平，数量不多。它们特点是小巧玲珑，使用方便，但调修较为不便。

等臂双盘天平。此种天平数量很多，普及率很高，大致可分为普通标尺天平和光学标尺天平。后者在我国已广泛使用，也是本书介绍的重点。根据它们的机械特性，可以进一步分成4小类：①没有阻尼器的普通标尺天平，如TG-405型天平等，这类天平是公斤天平，它的特点是称量大，但称量速度较慢。②有阻尼器的普通标尺天平，这种天平的精度介于精密天平和普通公斤天平之间，调修和使用都比较方便；③带半机械加码装置的光学标尺天平，如GT2A型和TG328B型天平，它们的特点是称量速度较快，精度也比较高，操作也很方便；④带全机械加码装置的光学标尺天平。如TG328A型天平，它的加码范围可以达到天平的最大秤量，从而避免了环境因素对天平的影响，但是，给安装和调修天平也增加了难度。

(2)不等臂杠杆天平

不等臂杠杆天平的支点不在力点和重点中间，即左臂不等于右臂。如DT-100型天平。这种形式的天平近来已在我国大批量生产和应用。它的特点是操作方便，称量速度较快，受外界环境的影响较小，消除了不等臂误差(因其是替代称量法)。如果进一步提高它的精度和称量范围，会更有发展前途。

2. 弹性元件变形原理天平

扭力天平即是利用弹性元件变形原理制造的。其特点是称量速度快、精度高。但其秤量小，弹性元件损坏后，修复比较麻烦。这类天平广泛应用于纺织等行业。

3. 电磁力平衡原理天平

目前的电子天平就是利用电磁力平衡原理制造的天平，其衡量的结果是物体的质量。它的特点是功能多、称量速度快、操作方便、精度高。它是我们逐步采用的更新的理想天平。还有电容式电子天平、电磁式电子天平、电感式电子天平、磁悬式电子天平、磁电式电子天平。

(二)按天平用途划分

标准天平和工作天平。

工作天平分为大称量天平、常量天平、半微量天平、微量天平、超微量天平、克拉天平、教学天平、物理天平、架盘天平、矿山天平、试金天平、湿度天平、热天平、水分天平(干燥天平)、棉花天平、粮食天平、动物天平、计数天平、液体比重天平、沉降天平(颗粒天平、黏度天平)、微压天平、表面张力天平、扭力天平、工业天平等。

(三)按秤盘安装位置划分

1. 下皿式天平

秤盘是由上向下悬挂式结构的被称为下皿式天平。此种结构多见于机械天平。

2. 上皿式天平

上皿式天平的秤盘,就是直接将称量盘安装在底板上相应的支架上。这种形式的天平多见于电子天平或电子秤。

(四)按天平准确度级别划分

可分为特种准确度级天平和高准确度级天平。

(五)架盘天平的结构

架盘天平是一种具有两个秤盘,并将其架放在一根等臂横梁之上的杠杆秤。其最大秤量一般不超过5 kg。其名义分度值与最大秤量之比,不大于千分之一。架盘天平所配备的砝码为M_2等级砝码,检定架盘天平所用之砝码为M_1等级砝码。

最简单的也是国内最常见的架盘天平,是采用罗伯威尔机构制造的。罗伯威尔机构就是用铰链连接的平行四边形机构。这种机构在架盘天平上,是以立柱为对称轴,左右对称配置的,所以必然是等臂的。

一般说来,这种秤的秤盘是固定在与连杆相连接的秤架上,并借助于较长的重点刀子的支撑,从而稳定地放置在横梁的上方。连杆的下端则与拉带片的两端支持点相连接。拉带的对称中心正好与立柱(或称支柱、支架)相连接。这样,横梁、拉带、立柱和连杆就连成两个以立柱为主对称轴的平行四边形机构。这种平行四边形机构就是我们平常所说的罗伯威尔机构。

对于采用罗伯威尔机构的架盘天平来说,外力作用在横梁主平面内时,不管重物放在秤盘何处,总可以把重力平移到重点上去,这个重点实际是横梁与连杆的交点。平移至重点上的力最后只有沿连杆轴方向向下的重力和一个力偶,力偶矩的大小和力偶的转向与重物在秤盘上的位置有关。该力偶通过罗伯威尔机构把力传递给横梁和拉带、力沿横梁和拉带的轴向作用,但相互方向始终相反,例如,横梁受拉力,则拉带受压力,反之亦然。因立柱是固定的,而且刚性足够大,所以,横梁在中刀承处,拉带在其与立柱的交点处必将受到支座反力,使横梁和拉带在沿轴向上所受的合力为零。从而,该力偶被平衡,在连杆上只剩下沿连杆轴线作用于边刀上的重力。可见,当我们采用罗伯威尔机构时,外力作用在横梁主平面内时,不管把物体放在秤盘上何处,它们对横梁的作用效果是完全一样的。前面我们已经说过,在架盘天平中罗伯威尔机构是以立柱为对称轴,左右对称放置的,所以,架盘天平一定是等臂的。

如果架盘天平是严格地按照左右对称的两个罗伯威尔机构制造的话,由于罗伯威尔机构实质上只是保证了重点位置和力点位置恒定,所以在计量上起主要作用还是横梁,因而整个架盘天平的计量性能和计量参数的计算,也就和第一章所述的等臂天平的计算公式相同。为此在检定规程中,规定了空秤检定、标尺检定、最大秤量检定。考虑到使用架盘天平时经常要对零位,有时可能在极个别情况下,会在秤盘上放上比最大秤量稍大一点的重物,为此,必须在设计和制造上保留一定的余量,这样,在规程中我们又增加了超负荷检定和回检空秤两项检定。

另外,由于横梁上的刀子是比较长的,如果配置得不互相平行,则产生前后方向的四角误差,为了能测出该四角误差,而又不损坏刀子,所以我们规定了在1/2最大秤量下进行检定。检定规程中第十九条中的第一步至第五步检定就是为测此四角误差而设置的。

在前面的讨论过程中,都是认为架盘天平是严格地按照左右对称的两个罗伯威尔机构制造的。如果对罗伯威尔机构不能严格地保证平行四边形的话,则要引进左右方向的四角误差。例如,当横梁水平而拉带向右上方倾斜(亦即左边比右边连杆长)时,等量砝码放在秤盘外侧,则左盘显得重些;等量砝码放在秤盘内侧,则右盘显得重些。当拉带向上弯曲时,等量砝码均放在秤盘右侧时,则右盘显得重;等量砝码均放在秤盘左侧时,则左盘显得重些。当拉带向下弯曲时,等量砝码均放在秤盘的右侧时,则左盘显得重些;等量砝码都放在秤盘的左侧时,则右盘显得重些。为了测定这些左右方向的四角误差,并将其控制在架盘天平所允许的误差范围内,我国在架盘天平检定规程中做了相应的规定,其中第十九条第六步到第九步的检定就是为此而设置的。

第二节 机械天平的安装

一、机械双盘天平的构造如何

机械双盘天平是一种很精密的衡量仪器，只有了解和熟悉它的构造和特点，才能正确地使用、维护与调修。

(一)横梁部分

横梁部分是天平上最关键的部件，素有天平心脏之称。横梁部分包括以下几个零件。

1.横梁

横梁体一般是采用铝合金、铜合金或钛合金等材料制作的，它们的线膨胀系数小。质轻而又坚固，横梁表面应该平整、光滑、色泽均匀一致，不允许有砂眼和裂痕，具有一定厚度和一定的几何形状，并经过材料老化处理，使之在恶劣条件下不易变形。用铜合金等制作的横梁，还应镀上一层牢固的防腐蚀层，防止氧化脱落。

2.刀子

刀子的材质一般均采用玛瑙(氧化硅)或宝石(氧化铝)。秤量较大的天平，刀子的材料是钢的，刀子表面应平整光滑，不能有崩缺或锯齿等外观缺陷，钢制的刀子不能有裂纹和夹层。①$_1$至①$_7$级天平的刀子与刀垫工作面接触后，不能有显见的透光。②$_8$至②$_{10}$级的天平，允许其透光长度小于刀子全长的五分之一。

一般刀子的形状为等腰三角形，在其尖部两侧磨有工作棱面的小三角形，角度大小依秤量大小面定，实际上刀子的形状是五角形。

等臂双盘天平(以下简称双盘天平)有3把刀子，一个支点刀(即中刀)，两个承重刀(即边刀)，左边的叫左边刀，右边的叫右边刀。中刀的刃部向下，边刀的刃部向上。常见的200 g分析天平的两个边刀距为140 mm。

不等臂单盘天平(以下简称单盘天平)的横梁上只有两把刀子，一个支点刀和一个承重刀。刀子的材料是人造宝石(刚玉)。

3.刀盒

刀盒也有叫刀套的,用于安装刀子,并用胶水或螺丝固定,刀盒分为中刀盒和边刀盒。中刀盒是安装中刀的,然后用中刀盒固定螺丝固定在横梁中部,使中刀刃平分横梁,并与横梁的中心线吻合。边刀盒是安装边刀的,然后用螺丝固定在横梁两端的刀盒架上。

边刀盒的正反面各有三个"刀盒对顶螺丝孔",按其作用分为"轴钉孔""平行孔"和"平面孔"。刀盒下面有两个或三个螺丝孔,用来安装升刀螺丝和降刀螺丝。

边刀盒两侧各有两个螺丝孔,用来安装调整边刀左右距离的螺丝。刀盒下面有3个螺丝孔,用来安装升降刀螺丝。

4.重心砣

重心砣是调整天平重心位置的零件。它可以上下旋转移动,用于调整天平的灵敏度。但在提高天平灵敏度时,要兼顾天平的稳定性。[①]

重心砣安装的位置有两种,其一是将它安装在中刀的后上方,其调节范围应在重心螺丝的1/2–3/5以内;其二是将重心砣安装在指针的中上部,并用固定螺丝固定,它的调节范围应在指针的1/2至上部的4/5以内。后一种方法常见于老式摆动天平。

5.平衡砣

平衡砣一般均安装在横梁两边的圆孔内,左右各一个。它的作用是调整天平的平衡位置,每旋转一周可以改变平衡位置约70个分度,单盘天平只有一个平衡砣,安装在横梁的后部。

如果天平的平衡位置相差甚多,仅靠平衡砣已无法调整,则应将平衡砣调至中间位置,然后在轻的一盘内加放金属垫片,使天平重新平衡于零点附近,最后把垫片固定在阻尼器内筒里或秤盘底部。

在此应强调一点:应严格区分天平等臂时的不平衡状态和天平不等臂情况下的不平衡状态。平衡砣的作用是针对前者而言的,对于后者,应先将天平调至等臂后,再调整天平的不平衡状态。

如果天平的平衡位置优良,即使不挂吊耳和秤盘,开启天平后,横梁也是比较稳定地摆向一方。

平衡砣的松紧应适度,即用一个手指无法使其旋转,只能用两个手指

①王海军.杠杆式高精度力源技术研究[D].长春:吉林大学,2014:30-31.

捏紧旋转才能使其转动。否则，应视为平衡砣松动或过紧，应该进行调整。

6.刀距螺丝

刀距螺丝也叫不等臂偏差螺丝(以下可简称偏差螺丝)，它安装在边刀盒与横梁体之间，其作用是调节两个边刀至中刀的距离，使天平横梁等臂。所以，调修时只准向外顶紧刀盒，而不能向里调整而离开边刀盒。即如果天平发生了臂差，应调整短臂一方，使其加长。而不能缩短长臂一方的偏差螺丝，使其离开边刀盒。否则容易引起天平的示值变动性。

单盘天平因设计时不等臂，所以无臂差问题，自然也不具备刀距螺丝。

7.指针与标尺

双盘天平的指针与标尺均固定在横梁中间支点刀的下方，与支点刀刃的重力线重合。它的材料均为铝合金或铜合金。

由于指针的重量与横梁体的重量具有一定的比例关系，所以指针的轻重会直接影响天平的灵敏性和稳定性。为了便于调整指针的轻重，可在指针下端的背面加放金属垫片等物。一般指针的截面成“V”形或“O”形。普通标尺天平的指针尖端要尖锐，小于或等于标尺刻线宽度。

对于普通标尺，要求其正式刻度不少于20个分度，刻度间距不小于1mm，刻度的宽度不大于刻度间距的1/5，刻线的均匀误差不大于刻度间距的1/10。

对于微分标尺的要求：$①_2$级以上天平的正式分度应不少于50个分度；$①_2$级以下的天平的正式分度应不少于100个分度；每5或10个分度处标明数字，分度末端应注明质量单位。

微分标尺是用照像方法制版而成的，千万不要用水和其他液体擦洗，只能用软毛刷或鹿皮等轻轻擦拭上面的灰尘。

(二)立柱部分

立柱部分是天平的躯干，起到承上启下的作用。它包括以下几个部分。

1.立柱

立柱一般是采用铜合金制成的，表面镀有防腐层，颜色为白色或金黄色等。立柱是空心管状的，与底板垂直，不能松动，底座上的两个立柱固定螺丝要拧紧。否则，立柱会产生松动，影响天平的四大性能。调整好并拧紧立柱固定螺丝后，切记不要随意松动。

2. 中刀垫

中刀垫（也叫中刀承）安装在立柱上端的中刀垫支架上，它的作用是支承中刀，为避免刀刃的损坏，它的材料均与刀子的材料相同，但硬度比刀子的大。要求刀承表面平整、光滑、清洁。

3. 阻尼器架

阻尼器架位于立柱的中部，左右各一个，用于安装阻尼器外筒。要求其与立柱垂直，也就是与底板平行，否则将影响阻尼器的水平。

单盘天平只有一个阻尼器架，安装在天平的后部。

4. 水平装置

水平装置有两种形式，一种是水准器式（或叫水平泡式），另一种是重锤式。

水准器为大部分光学分析天平所采用，它是由水准器壳、石膏、液体和气泡组成。要求水准器密封性好，不能使液体流出和气体进入，而且气泡要稳定。水准器一般均安装在立柱中部的后面、与阻尼器架相连，也有安装在底板上的。当天平不水平时，可以调整天平的两个调整脚，同时从上面观察水准器的情况，调节至气泡为中心位置时为止，如果需要更换水准器，则首先将底板调至水平，立柱调整至垂直，然后安装新水准器，调整水准器的固定螺丝，使气泡在中心位置时为止，以后切忌再动水准器的固定螺丝。

重锤式水平装置常见于老式的普通标尺天平，它是由两个圆锥形小重锤组成的，一个固定在底板上，锤尖向上，另一个用细绳悬挂在立柱上，锤尖向下。当天平处于水平状态时，两个锤尖相对。要求上下锤尖端的距离保持在1 ~ 3 mm内。

（三）制动系统

制动系统是控制天平工作和休止的指挥系统，它包括以下几个零件。

1. 翼翅板

翼翅板是使天平横梁等部件平稳地升起或落下的零件，所以叫翼翅板。翼翅板分为大翼翅板和小翼翅板。小翼翅板与立柱管内的升降轴相连接，并且带动大翼翅板一起升降。翼翅板应该活动自如，但又不能前后晃动，它是天平的关键零件之一。其好坏直接影响天平平衡位置的准确性和重复性。翼翅板的形式是多样的，如双起升降式、平板下降式等。

2. 支销

支销是用支销固定螺母（或叫四眼螺母）固定在翼翅板上的，一般均采用金属材料制成。精度较高的天平支销，其上部均镶有玛瑙或宝石珠，目的是减少摩擦，提高准确度。支销按其作用可分为两种，即横梁支销和吊耳支销。横梁支销用于支承横梁，使之保持水平状态，并可以调整中刀至中刀垫的距离（俗称“中刀缝”）大小，一般中刀缝大小应在0.3～0.5 mm。吊耳支销用于支承吊耳及其悬挂系统，并使之处于水平状态。调整它可以改变边刀至边刀垫（吊耳内粘有边刀垫）的距离（也称边刀缝）大小。一般边刀缝大小应在0.1～0.3 mm。两个边刀缝要大小相同，但必须小于中刀缝。

3. 升降轴

升降轴（或叫升降杆）均安装在空心的立柱内，它的上部与小翼翅板连接，下部的圆孔与开关轴上的偏心销相接。它随着开关轴的旋转而上下动作。升降轴的顶部有一圆孔，是安装连接小翼翅板的横销，下端上有一个透光环，使灯光从其上的透光孔中通过。

升降轴要升降自如，不能太紧或太松，以免影响天平的计量性能。

4. 开关轴

开关轴安装在底板的下方。它的一端通过偏心销与升降轴相连，另一端有开关手钮插孔，与开关手钮相接。要求开关轴转动平稳灵活，不能有松动和卡紧现象。同时，无论天平在工作或休止状态，开关轴的位置及旋转角度应能复原。如果角度不合适，会使偏心销的位置不正确，从而导致天平自开或回劲，甚至损坏天平。

5. 盘托

盘托安装在秤盘下面的底板盘托插孔内，左右各一个，上面分别标注着1或2，左边为1，右边为2，它是天平休止时支承（阻尼）秤盘的一个零件。盘托随盘托翼翅板的动作而升降，而盘托翼翅板又与开关轴的铣槽相连接。

当天平工作时，随着开关手钮的转动，盘托翼翅板带动盘托下降脱离秤盘，使秤盘自由动作。所以，要求盘托不能过高或过低。它的最佳位置应是在天平休止时，刚刚与秤盘微接触，避免秤盘晃动；在天平工作时，盘托应离开秤盘,使微分标尺摆动无阻,即能走满刻度无阻碍。

6.开关手钮

开关手钮是制动系统的中心,也是天平的指挥中心。随着开关手钮的转动,整个天平将随之工作或休止。

开关手钮一般均安装在底板的前下方,或者安装在天平两侧的旁门下方(如单盘天平)。它们的安装位置是依据开关轴的方向而定的。无论位置如何,都是为了使用方便。开关手钮的转动带动了开关轴的转动,开关轴上的偏心销随之也跟着转动,从而带动升降轴。翼翅板和盘托上下活动,使天平工作或休止。

(四)悬挂系统

1.吊耳

吊耳是由吊耳挂钩、十字架、十字垫和刀垫组成的。吊耳挂钩与十字架连接,通过两个小尖螺丝与十字垫接触(微量天平和大秤量天平除外)。这种结构避免了因秤盘晃动而影响天平的使用并导致示值变动性的增大。吊耳的各部件应活动自如,十字垫水平时,十字架与之垂直,否则会出现靠擦现象。吊耳也是左右各一个,分别标志1(或“·”)和2(或“·”),左边为1(或“·”),右边为2(或“··”)。

刀垫(也叫刀承)粘在吊耳十字垫的下面,它的材料一般采用玛瑙或宝石,要求其表面平整、光滑、清洁。当天平工作时刀垫支承于边刀上,天平休止时刀垫离开边刀,使天平刀子处于休息状态。

2.阻尼器

阻尼器是为了减少天平的摆动周期,使天平能在较短的时间内稳定下来,从而达到快速称量的目的,一般天平使用的均是空气阻尼器,它是用金属铝等轻质材料制成的。

阻尼器均安装在阻尼器架上。分为阻尼内筒和阻尼外筒两部分:阻尼外筒口向上,固定在阻尼器架上;阻尼内筒口向下,放在阻尼外筒里面,其上面有挂钩眼与吊耳挂钩相对应。

阻尼器工作时靠内外筒压缩空气,以阻止天平摆动。阻尼效果好坏取决于内外筒的间隙,间隙小阻力大,效果明显,反之则阻力小。从摆动到静止,不应大于两个周期。

对阻尼器的要求:①内外筒必须保持圆形,变形后不得使用;②内外筒的间隙应均匀一致，不得碰撞，否则应调整；③当内外筒间隙均匀一致后，不得松动外筒的固定螺丝，以保证天平的正常使用。

3. 秤盘

秤盘是放置物品和砝码用的零部件，左右各一个，标志与吊耳相同。它悬挂在吊耳挂钩上，其材料均为铜合金，表面有镀层。要求秤盘的面与秤盘架（或叫秤盘梁）垂直，不能出现倾斜现象。

（五）框罩部分

框罩部分是保护和支承天平的零部件，是天平的基础。它由以下几个零件组成。

1. 框罩

为了防止空气流动的影响，并且隔绝潮气，保持天平内的清洁，必须安装天平框罩。框架均采用质地良好、硬而不易变形的木材（或金属）制成。前、后、左、右、上均安装玻璃，前边和两侧均要安装活动门，便于安装、使用和修理天平。框罩也有铝合金或铜合金的，多见于微量天平和单盘天平。

框罩必须牢固地固定在底板上，不能晃动，更不能倾斜。与底板间不得有缝隙，前门的底框上要粘有绒垫等物，既可防止缝隙又可以起到减震作用。

2. 底板

底板用大理石或玻璃砖等制成。这些材料坚硬、重量大且不易变形，是制造底板的好材料。底板应表面平直、光滑，不能有翘曲和变形。底板下面装有底脚螺丝，用来支承底板和整个天平，底板上面则装有立柱和框罩。底板也起到了承上启下的作用。

由于底板的材质易受化学药品的侵蚀而损坏。因此使用天平时要格外小心，不要将具有腐蚀性的物品撒落在天平底板或其他部件上，以保护天平的清洁美观并延长其使用寿命。

3. 底脚和脚垫

一般的光学分析天平底板下面都安装有三个底脚。后面的一个底脚是固定的、不能调节，所以叫固定脚；前面左右各一个底脚，可进行调节，所以叫调整脚。转动调整脚上的螺丝旋钮，可以改变天平的水平状态，使天平处于水平位置。大秤量的天平则有四个底脚，全部可以进行调节。底脚螺丝与螺母配合应适当，不宜过紧和过松，避免天平晃动，螺丝应调节自如。

脚垫的作用是保证天平的平稳，并减少外界震动的影响，它安放在天平底脚的下面。脚垫下面不宜加放很多胶皮等物，这样既不能减少震动，而且容易造成天平不稳，当遇到外力的冲击时，天平容易倾倒甚至摔坏。分析天平的脚垫是用胶木等材料制成的，而大秤量天平的脚垫是用金属制成的。

4.前门阻尼装置

前门的阻尼装置是控制天平前门上下开关的部件，它能使前门均匀缓慢地移动，并能停止在任意位置上。前门阻尼装置常见的有两种形式：一种是卷簧式的，如上海TG-328B型天平；另一种则是配重砣式，如北京GT2A型天平。

配重砣式前门阻尼装置是由两个一样大小，其重量总和等于前门重量的配重砣组成的，分别用两根小线绳通过两个定滑轮与前门相连接。配重砣均安装于天平后边的两个空腔的木框内，从而起到减缓前门运动的作用。配重砣的材料一般为铅或锡等。这种前门阻尼装置也广泛地应用在大秤量天平上。

盒式卷簧的前门阻尼装置的作用与配重砣式的相同。它靠两个盒式卷簧通过小线与前门底部连接，起到阻缓前门运动的作用。盒式卷簧安装在天平前门两侧的上方。

（六）光学读数系统

只有光学分析天平才具有光学读数系统，它使操作者能快速准确地得到衡量结果。光学读数系统包括以下几个零部件。

1.变压器和灯泡

我们使用的电源一般为220 V，而天平上使用的小灯泡是6～8 V，因此要经过变压器变压后才能使用，切不可将灯泡直接接通220 V电源，避免烧坏灯泡和触电。

2.灯光罩和聚光管

灯光罩内安装着小灯泡，使小灯泡发出的光集中在一起，再经过聚光管，将聚光后变成平行明亮的光线送给微分标尺。

灯光罩和聚光管分别由胶木（或塑料）和金属制成。

3.放大镜

放大镜由金属管和放大镜片组成。其作用是将微分标尺的数字和刻度进行放大,便于读数。

4.反光镜组和读数窗

反光镜组由反光镜片或反光棱镜组成,它们的作用是将经过放大的微分标尺刻度与数字反射到读数窗上。读数窗是读取读数的光幕显示器。

5.零点微调器

零点微调器是微调天平零点的装置,它可以在天平工作状态下进行零点调节,调节范围为5~10个分度。

6.微动开关

微动开关是光学电路系统的一部分,其作用是控制天平电路的接通与断开。这样既可以延长灯泡的使用寿命,又可以节约用电。微动开关的种类很多,天平上常用的有弹片触点式开关和水银开关等。

(七)机械挂码装置

机械挂码装置是天平加取砝码的一种机械装置。它是由砝码、挂码钩、挂码杆、挂码头、凸轮组、机械挂码读数指示盘(上有旋钮)组成的。它的作用是减少人工拿取砝码,加快称量速度,同时也减少了气流和温度对天平的影响,从而提高了称量的准确度。

机械挂码装置有加码和减码两种形式,无论加码还是减码装置,其构造基本相同。

读数指示盘可以指示出砝码的质量值,它连接着操纵杆等,与几个凸轮组相接,再与挂码杆和钩等相对应,砝码挂在钩上或装在砝码承受架的V形槽内。当旋转读数指示盘旋钮时,挂码杆上下动作,完成取放砝码的任务。

加码装置又分为半机械和全机械加码两种。半机械加码共8个砝码,加码范围从10 ~990 mg。全机械加码共21个砝码,加码范围是10 mg~199.99 g。

减码装置也是全机械挂码,应用在单盘天平上。当天平处于零点位置时,挂码全部落入砝码架内,当天平称取物品时,则须托起相同质量的砝码,使天平重新达到平衡。

二、机械单盘天平都有哪些零部件

机械单盘天平由底板框罩部、制动系统、横梁部、光学读数系统、悬挂系统、机械减码系统6个部分组成。

（一）底板框罩部

底板和框罩是支承保护单盘天平的主体部件，是单盘天平的基础部件。它由以下几个零件组成。

1.底板

底板为金属铸件，在其上边安装有电源变压器、电源转换开关、接线柱、电源线、开关轴、水平装置、机械减码系统和光学读数系统。

2.底脚与脚垫

单盘天平的底板下面也安装有三个底脚。后面的一个底脚是固定的，就是不能进行升降调节的，所以常叫为固定脚；而前面左、右各一个的底脚，是可以进行调节的，所以我们称它为调整脚。转动这两个调整脚上的螺丝旋钮，可以改变天平的水平状态，使天平处于水平状态。要求底脚螺丝与螺母配合要适度，不能过紧或过松，以避免天平产生晃动，要求螺丝能调节自如。

脚垫的材质为胶木和橡胶，它的作用是保证天平的平稳，并减少外界震动等不良环境对天平的影响，它均安装在天平底脚的下面。脚垫不易加放得太多，否则既不能减少震动，也容易造成天平整体的不稳，一旦遇到外力的冲击时，天平容易倾倒甚至损坏。

3.框罩

框罩的材质为金属，前、后、左、右、上、下均安装有金属护板或玻璃等，两侧安装的玻璃门是可以活动的，便于安装、使用和修理天平。框罩不但是基础，还可以防止空气流动对天平产生的影响，并且隔绝尘土和潮湿有害气体对天平的伤害。

（二）制动系统

单盘天平的制动系统与双盘天平的一样，是整个天平工作和休止的指挥系统。它包括以下几个零件。

1.升降板

升降板等同于双盘天平的翼翅板，它的作用就是把开关的指令，通过它和它上面的横梁支销和吊耳支销来实现天平的开与关、工作与休止。

升降板与升降轴相连接,随升降轴而运作。

当天平开启后,升降板下降,使支销等脱离横梁、刀垫(承重板)等部件,让中刀平稳正确地落在支点刀垫上,使天平处于工作状态。当天平关闭时,升降板上升到原始位置,天平即恢复休止状态。

2. 支销

支销的材质为金属,按其作用分为吊耳支销和横梁支销。单盘天平有两个吊耳支销和三个横梁支销,支销通过支销固定螺母(也叫四眼螺母)固定在升降板上。

3. 升降轴

升降轴安装在单盘天平的中间部位,上部与升降板连接,下部通过滑轮与开关轴上的偏心凸轮相连接,并随着开关轴的转动而升降。要求升降轴要活动自如,不能太紧或太松,以免影响天平的准确衡量。

4. 开关轴

开关轴安装在底板的下方,横向贯穿在天平两个旁门后下方,两端有开关手钮插孔,可与开关手钮相连,中间部位安装有偏心凸轮与升降轴的滑轮相连接。当偏心凸轮处于最高点时,天平处于休止状态,而偏心凸轮处于最低点时,天平处于工作状态。要求开关轴转动灵活、平稳,不能有松动、审动和卡紧等现象。同时要求天平无论是工作或休止,均要保证开关轴的位置及旋转角度能恢复原位。如果不能复原,势必造成天平的一些故障而影响天平的准确称量。

5. 盘托

盘托根据新旧天平的构造,有两种安装方法。一种是老天平,它的盘托安装在天平秤盘的下方,即相对应的底板盘托孔内,与双盘天平的一样,它随开关轴的转动而升降;另一种就是新天平,它的盘托安装在天平的上方,即安装在天平砝码承受架偏上方处,也是随天平的开关而离开或压住砝码承受架的相应位置,以免天平秤盘晃动。

单盘天平因为只有一个秤盘,所以也只有一个盘托。

6. 开关手钮

单盘天平的开关手钮是单盘天平制动系统的中心,也是单盘天平的指挥中心。它的转动将使整个天平处于工作或休止状态。

单盘天平的开关手钮与双盘天平的开关手钮不一样，它不是安装在天平的前门下方，而是安装在天平两个旁门的下方。双盘天平有一个开关手钮，而单盘天平有两个开关手钮，左边和右边各一个，操作更方便，习惯用哪只手就用哪个方向的开关手钮。

开关手钮的转动带动了开关轴的旋转，通过其上面的偏心凸轮，使升降轴上下运动，因其上面与升降板相连接，使升降板通过其上面的支销顶住或离开横梁和吊耳，达到天平工作和休止的目的。

（三）横梁部

横梁部由以下几个零部件组成。

1.横梁

横梁体采用硬质铝合金材料制成，质轻而又坚固。

要求横梁表面应平整、光滑、色泽应均匀一致，不能有砂眼和裂痕等，且具有一定的厚度和一定的几何形状、抗腐蚀、防老化等优点。

2.刀子

刀子的材质为硬度高的人造宝石（氧化铝），也有叫刚玉的。

单盘天平的刀子只有两把，一把是承重刀（也叫边刀），另一把是支点刀（也叫中刀），支点刀的刃部向下，承重刀的刃部向上，北京光学仪器厂生产的DT-100型单盘天平的刀距为85 mm。

刀子的形状粗看是三角形，细看应为五角形，因其刀子尖部两侧磨有工作棱面的小三角形，刀子的角度大小依天平称量的大小不同而不同。

3.刀盒

刀盒（或叫刀套）是用于安装天平的刀子的，一般用胶粘或螺丝固定。单盘天平的刀子是用螺丝固定的，拆装都很方便。

刀盒分中刀盒和边刀盒，中刀盒是安装中刀的，边刀盒是安装边刀的。

4.重心砣

重心砣垂直安装在天平横梁的后上部，上下移动时可以调整天平的灵敏度。

单盘天平的重心砣与双盘天平的重心砣有一些区别，微调天平的灵敏度时，可以通过升降重心砣来完成，重心砣旋转一周约可改变两个分度。而对于一些相差较大的灵敏度误差，如相差两个分度以上时，单靠调整重心砣则有些力不从心。

5.平衡砣

平衡砣水平方向安装在横梁的后部右侧,单盘天平与双盘天平不同,它只有一个平衡砣,所以只能小范围地进行调整。平衡砣旋转一周,约可改变35个分度左右,相差很大时,应加减配重物来解决。单盘天平的吊耳上方有部分配重片可供调整之用,必要时,也可在配重砣内加减垫片来解决。

要求平衡砣松紧要适度,若一个手指能使其转动则太松,而两个手指都无法使其转动则太紧,所以太紧太松都不好。

另外,很多单盘天平的平衡砣(也包括重心砣)均是由两个半圆螺母组成的。调整时,先松开两个半圆螺母进行调整,合适后再使两个半圆螺母旋紧。

6.配重砣

配重砣安装在天平横梁的后下方,起配重作用,即平衡前边整个悬挂系统。

另外,配重砣还可以粗调天平灵敏度,当灵敏度误差较大时,如大于两个分度时,应先调整配重砣来解决升高配重砣,可以升高天平的灵敏度,反之,可以降低天平的灵敏度。

7.标尺

单盘天平的光学标尺,靠横梁后端的两个标尺固定螺丝安装在天平横梁的后端,是采用精密圆弧刻机刻线加工而成的,它的刻线间隔均匀性误差为刻线间隔的1/40,所以标尺精度很高。在其上面有3 mm的有效刻度标尺范围,所以天平的摆幅角度很小。设计时,让支点刀刃、承重刀刃和光学标尺内50单位的刻度线保持在同一个平面内,使天平刀口的磨损情况基本相同,从而有利于延长天平刀子的使用寿命。

8.阻尼片

阻尼片安装在天平后部的下面、配重砣的上方,它的作用与双盘天平的空气阻尼器内筒相同。在天平摆动时,阻尼片与相应的阻尼筒组成空气阻尼器,减少横梁摆动次数,迅速达到平衡,以便快速称量。

(四)悬挂系统

单盘天平与双盘天平不同,它的悬挂系统由承重板、起升支承螺丝、校正片、砝码架和秤盘组成,通过起升支承螺丝作用在承重板的刀垫上,继而作用在承重刀上。

1.承重板

承重板是单盘天平的关键部件之一,在它的上面粘有锥形和槽形玛瑙(或宝石)支承,下面粘有人造白宝石承重刀垫及锥形和槽形玛瑙支承。承重板的安装方向是左边为“1”或“·”,右边为“2”或“··”,不得安错。承重板通过起升机构上的“承重板支销”(或承重刀)来支持整个悬挂系统。

2.起升支承螺丝及其固定螺母

起升支承螺丝(或叫起升支承钉)是金属材料制成的尖头螺丝,起落在承重板上的锥形和槽形玛瑙支承内,将悬挂系统(除承重板外)的重量传递给承重板。

起升支承螺丝可以上下旋转,并能改变卡箍的位置,使悬挂系统位置正确。起升支承螺丝由其固定螺母固定。

3.校正片和固定螺丝

校正片是金属材料制成的若干个圆片,其中间部分开有小圆孔,分别安装在起升支承螺丝左右两侧的螺丝上。在秤盘内加放防护器皿或垫片时,可以取下相同质量的校正片,以重新保持天平的平衡位置,并保持天平的灵敏度不发生变化。校正片由校正片固定螺母加以固定。

4.砝码架

砝码架是承受砝码的地方,它的下端安装有挂钩,可与秤盘相连,而其上端有横梁和卡箍与承重板相连。砝码架内分前后两组16个V形槽,用以放置共16个圆柱形砝码。

5.秤盘

秤盘是放置被称物的金属部件,它挂在砝码架下端的挂钩上。

(五)光学读数系统

单盘天平的光学读数系统的零件多、线路长,自然要比双盘天平的光学读数系统复杂,故障的发生率也高。单盘天平的光学读数系统由以下几个零部件组成。

1.变压器

单盘天平的变压器作用,是将220 V电压变成6.5 V电压输出给天平灯泡作光源。

2.灯泡

单盘天平的光源，就是6 V的螺口圆珠的小灯泡，通过变压器输出端供给的6 V电源，通过整个光学系统传给天平读数窗。

3.聚光镜

单盘天平的聚光镜比双盘天平的聚光管要短得多，它的作用是将天平灯泡的散射光聚集成明亮均匀的光线，传送给横梁上的光学标尺。

4.光学标尺

单盘天平的光学标尺上，标有数字和刻度线，它的作用就是将天平的微小变化，传递给放大镜，进而传递给天平读数窗，使人们得到衡量的最终结果。

5.放大镜

放大镜的作用就是将通过光学标尺传递过来的刻线与数字进行放大，并且传给反光镜组。

6.反光镜组

反光镜组的作用，就是将刻度与数字反映到天平读数窗上，供使用者观察。首先，将经过放大的数字与刻度线，传递给直角棱镜，而后再反射到五角棱镜上，使光线从上向下反射，穿过防尘玻璃，反射到底板上的反光镜同时也是微调零点镜，然后反射到读数窗下的反光镜(此镜连接微读轮机构)上，再反射至读数窗上。

7.零点微调器

零点微调器手钮安装在单盘天平底板旁侧的右后下方，里面与之相连的是反光镜片和调零凸轮(凸轮为阿基米德螺线)。旋转手钮可以改变反射角度，从而改变零点位置，一般可改变约10个分度左右。若零点相差较多，应该调整横梁上的平衡砣。

8.微读轮

微读轮安装在天平底板前右下方读数窗旁，它的作用是将光学标尺上的一个分度，变成10倍，也就是1∶10的关系。尤其是光学标尺刻线不在夹线中间时，移动微读轮手钮，使其刻线与夹线中间重合，便于读取读数。

9.读数窗

读数窗安装在单盘天平前侧下方右侧处，它的作用就是供天平使用者观察记录天平的衡量结果。

(六)机械减码系统

单盘天平的机械减码系统,由砝码、Y形砝码托架、减码杆、杠杆组、凸轮组、减码指示轮组和减码旋钮组成。

1.砝码

单盘天平DT-100型的砝码为圆柱体,共有16个砝码分两排落在相应的砝码承受架内。由于单盘天平称量物体时,是从砝码承受架内减去(托起)相应砝码的质量。所以我们常叫它为减码机构。

2.Y形砝码托架

单盘天平的Y形砝码托架,安装在砝码承受架内砝码的正下方,托起或放下砝码的动作,是由Y形砝码托架来完成的。Y形砝码托架随减码杆动作而动作。Y形砝码托架跟砝码的数量一致,也是16个。

3.减码杆

单盘天平的减码杆共有16个,上部安有Y形砝码托架,下部与杠杆组连接。减码杆呈L形,随杠杆组动作而动作。

4.杠杆组

单盘天平的杠杆,共有16个,随着凸轮组的转动而动作。

5.凸轮组

凸轮组与杠杆组相连接,随减码旋钮转动而动作。凸轮共有16个与杠杆组相对应。

6.减码指示轮组

单盘天平的减码指示轮组共由3个指示轮组成,每个轮上均标有0~9个数字,由于安装位置不同,分别显示0.1 g组、1g组和10 g组砝码情况。

减码指示轮组的外端为指示轮,数字显示在读数窗旁,里端为伞形齿轮与凸轮组连接,中间与读数轴相连接在一起。

7.减码旋钮

减码旋钮由胶木制成,分3个呈塔形结构连接在一起,并固定在相应的轴套上,它们各自转动而不应相互干扰,否则,就应进行修理。

三、机械天平的级别是如何划分的

根据JJG98-2019《机械天平》国家计量检定规程的规定,机械天平按其检定标尺分度值e和检定标尺分度数n,划分成下列两个准确度级别:特种准确度级，符号为①；高准确度级，符号为②。

天平准确度级别与e、n的关系见表4-1。

表4-1 天平准确度级别与e、n关系

准确度级别	检定标尺分度值e	检定标尺分度值n		最小称量
		最小	最大	
特种准确度级①	e≤5 μg 10 μg≤e≤500 μg 1mg≤e	1×10^3 5×10^4 5×10^4	不限制	100e
高准确度级②	e≤50 mg 0.1g≤e	1×10^2 1×10^2	1×10^5 1×10^5	20e 50e

四、机械天平的安装室的要求

天平的正确安装，对于维护和使用天平并延长其使用寿命，保证天平四大性能的准确、确保天平衡量结果的准确可靠，有着十分重要的意义。

（一）防震

天平是一种精密衡量仪器，应该放置在牢固可靠的水泥台板上，并远离震源和热源。如果附近有震源，又无法避免时，在设计时应建筑防震地基。如果楼已建好，又不能重新建筑防震地基，则应在防震上采取一些措施，以减轻震动对天平的影响。具体做法是选择一块（或几块）比天平底板尺寸大一些的钢板，并在钢板下面分几点垫上橡胶垫等减震材料，减少震源对天平的影响；如果震动较大，则可以再加一层或几层，直至将震动减弱到不影响天平使用为止。如果用减震方法还不能消除震动的影响，就应改变安装地点。

（二）光线

天平室应该选择背光的房间，房间内最好没有窗户，并远离水蒸气和腐蚀性气体源，尤其是在化工生产单位和化验室，更应该采取相应的防范措施。否则，将会使天平严重失准，缩短使用寿命。

（三）摆放距离

室内放置天平的位置不应过分拥挤，应有利于使用和检修天平，室内应该保持清洁。

(四)温度和湿度

天平的室内温度和湿度要严格控制，做到下列几点要求：①①$_1$至①$_2$级天平的天平室，温度应在18～23 ℃范围内，其温度波动不大于0.2 ℃/h，相对湿度应在70%RH以下；②对于分度值为0.001 mg及以下的①$_3$至①$_4$级天平，其天平室的温度应在18～23 ℃范围内，温度波动不能大于0.2 ℃/h，相对湿度不得大于70%RH；③分度值为0.001mg以上的①$_3$至①$_4$级天平，其天平室温度应在18～26 ℃范围内，温度波动不得超过0.5 ℃/h，相对湿度不大于75%RH；④①$_3$至①$_4$，最大秤量大于1 kg的天平，其天平室温度应在18～24 ℃的范围内，温度波动不得大于0.5 ℃/h，相对湿度不大于75%RH；⑤①$_5$至①$_6$级天平的天平室，温度应在15～30 ℃范围内，其温度波动不得大于1 ℃/h，相对湿度不大于85%RH；⑥①$_7$至①$_8$级天平，其天平室温度应在10～32 ℃范围内，温度波动不得大于2 ℃/h，相对湿度不得大于90%RH；⑦②$_9$级以下的天平，在常温下的室内即可。

(五)气流

天平室内如有窗户，在天平使用和检定时严禁打开窗户，以免造成空气流动，影响天平的准确称量。

五、机械天平安装前如何进行清洁工作

机械天平从生产厂到用户，要经过很多环节，如储存、运输等。用户使用时，距生产时间已有几个月或者数年了。所以，在安装前，要对天平进行必要的清洁，以保证天平的洁净和美观。一般应从下面几个方面进行。

(一)拆箱

天平一般均放在木箱内，便于运输和保护。新买来的天平首先要拆去外包装，此时要注意，切不可倒置。

(二)检查

开箱后，把天平的各种零部件拿出进行清点，检查是否有短缺或损坏的零件。清点时，要轻拿轻放，尤其是横梁。

(三)清洗

安装前应对天平的零部件进行清洗，把其上面的尘土和脏物除去。对关键部件，如玛瑙刀和刀垫以及各个支销，要用鹿皮或绸布蘸少许乙醇或

蒸馏水擦拭，用细软的毛刷轻轻拂去微分标牌上的灰尘。切忌用湿的东西擦洗微分标牌。

清洗后，按零部件上的标志（左为“1”，右为“2”）分别放好，准备安装。

六、如何安装机械双盘天平

（一）底脚的安装

将脚垫放在天平的底脚下，调节两个调整脚旋钮。使天平水准器内的气泡处于中心位置，此时天平水平已经调好，把天平开关手钮插在开关轴的插孔内。

（二）聚光管的安装

将聚光管装在灯光罩上的聚光管插孔内，并用固定螺丝拧紧固定。在变压器输出端上接上光源插销，使灯泡上的插头与微动开关的插销接通。这时可将变压器输入端的电源插销接通电源，并让天平处于开启状态，此时灯光罩内应有光亮。调节聚光管和灯泡的位置，让聚光管射出一束明亮的光斑，而后将聚光管固定，并将其插入天平框罩的后孔内，用固定螺丝固定。调试完毕后，断开电源。

（三）阻尼筒的安装

阻尼筒的安装：用左手的大拇指将大翼翅板托起，右手将右阻尼内筒放入，并用相同方法将左边的阻尼内筒装好。

（四）横梁的安装

安装横梁要用左手（或右手）旋转天平开关手钮，开启天平，使天平冀翅板下降。右手（或左手）拿着横梁与指针的结合部，将横梁轻移至翼翅板上方，让横梁右端向下倾斜，使横梁右端先进入翼翅板上两个吊耳支销中间，并让中刀架穿入横梁的中刀下方圆孔内，使横梁面平行于前门。把横梁右端先放在横梁定位支销上，再使横梁左端下降，与此同时，左手应旋转天平开关手钮，关闭天平，看准横梁上的双支销板，使横梁稳稳落在双支销上。另外，在安装横梁上端的同时，要兼顾下面的指针与微分标尺，把它们也放入立柱座与放大镜之间的位置中，切不可放错。

安装横梁时要先向右倾斜，这是天平的构造所决定的。在横梁左侧有双支销板（或叫跳针板），翼翅板上与之对应的有一个双支销，而横梁只有一个定位支销支承，这样先进入左端比较困难，而先进入右端就比较容易。

拆下横梁时，与安装过程相反，用手拿住横梁并上提，另一只手去旋转开关手钮，开启天平，横梁向右端倾斜，让横梁左端先出来，然后再将横梁全部取出，关闭天平。

（五）吊耳和秤盘的安装

吊耳、秤盘和阻尼内筒称为悬挂系统。在安装吊耳时，应用大拇指和中指托住吊耳十字垫，用食指将吊耳十字架稳稳压在正确的位置上，并用无名指按住吊耳挂钩上部，不使其晃动，然后将吊耳挂钩的下钩，钩住阻尼内筒上面的圆眼，并把吊耳放稳在吊耳支销上。安装时要注意吊耳挂钩口一定要向外，便于挂秤盘。吊耳的形状有两种，一种吊耳没有V形槽，另一种上面有砝码承受架（V形槽），是放机械挂码用的，安装时要区分开。

安装秤盘前，要先将两个盘托分别放入底板上的两个盘托孔内，然后将秤盘的底部放到盘托上面，再将秤盘上梁的V形槽挂到吊耳挂色的上钩内，使整个秤盘悬挂于吊耳挂钩上。对于全机械加码的分析天平，如TG328A型天平，它的右秤盘与上面相同，左秤盘上多了两个砝码承受架，安装起来比较复杂，操作程序如下：①先将秤盘区分好前后，即从中间V形槽到秤盘梁距离小的一边为后、距离大的一边为前，然后，将秤盘水平平卧位置放入天平内，使秤盘盘面平行于天平后面玻璃时，拿住秤盘，让秤盘上梁在阻尼器与中间加码杆（1～9 g组）之间向里伸进去；②当秤盘梁伸至阻尼器正好对准上格（1～9 g组砝码承受架与秤盘梁组成一个方格）并居中时，顺时针旋转90°，让秤盘梁保持在1～9 g组加码杆上方，这时向右平行移至立柱旁，并把阻尼器套进去，靠住立柱为止，③将秤盘盘面向下旋转至平行底板为止，再将秤盘平行移至左端；④用左吊耳下的挂钩钩起阻尼内筒，再将吊耳平稳地放到吊耳支销上，⑤将秤盘挂到吊耳挂钩的上钩内；⑥将盘托装入盘托孔内。

（六）挂砝码的安装

机械挂码的排列组合是有一定规律的，并与机械加码器指示盘的数字相吻合，否则将造成错误的衡量结果，一般的精密分析天平，挂砝码有两种形式：全机械挂砝码和半机械挂砝码。

全机械挂砝码天平的左边安装挂砝码，共分三层，最上面的一层是安装毫克组砝码的，下面两层分别悬挂个位克组和十位克组的砝码。

第一，将加码指示盘旋转至零位，第二，安装最上层毫克组环形砝码，这组砝码共有8个，按照质量大小分别排好，安装的顺序应是先里后外。然后把200 mg的砝码挂到相应的位置上，旋转砝码指示盘旋钮，使相应的砝码挂钩落下，把砝码放入挂码钩内。按照上述办法依次将500 mg，100 mg，100 mg，50 mg，20 mg，10 mg，10 mg砝码挂在相应的砝码挂钩内。为了安装方便，可用小镊子夹住砝码，依次送入。安装时，应小心操作，不要使环形砝码变形。

克组砝码的安装方法与毫克组相同，因为克组砝码较大且不易变形，可以戴手套进行操作。先安装中层砝码，此组砝码共有4个，从1 g至5 g，从后向前安装，安装顺序为1 g，1 g，5 g和2 g。然后安装最下层的砝码，此组砝码共有9个，从5 g至50 g，从后向前安装，安装顺序为50 g，5 g，5 g，10 g，50 g，10 g，5 g，5 g，50 g。这样砝码就全部安装完毕。最后还应该仔细检查一遍，是否与指示盘的指示数字相符，避免安装失误。

半机械挂砝码天平的挂码安装在天平的右侧，安装的方法与全机械挂砝码天平的基本相同。但是，北京光学仪器厂生产的光学分析天平GT2A型，它的吊耳上砝码承受架与全机械挂码天平的不同，其毫克组砝码也是8个，分别为10 mg，10 mg，20 mg，50 mg，100 mg，100 mg，200 mg，500 mg。前面安装100 ~ 500 mg的砝码，安装顺序是500 mg，200 mg，100 mg，100 mg；后面安装10 ~ 50mg的砝码，安装顺序是50 mg，20 mg，10 mg，10 mg。待安装完毕后，也要认真仔细地检查一遍。

七、如何安装机械单盘天平

（一）底脚的安装

将单盘天平放置在事先选好的位置上，调整两个调整脚，使其达到水平状态，并锁紧固定螺母。

（二）拆取天平内的包装物

将单盘天平上固定天平玻璃旁门的橡皮筋取下，并把天平称量室内的零件包装盒等取出。

打开天平的金属上单，小心不要撞坏天平内的部件。用改锥松开有黄色标志的横梁固定螺丝，使横梁压板旋转90°后将其重新固定，而后取出天平横梁。

另外，把固定刀垫支承的橡皮筋取下，再把固定砝码架的4个弹性卡子及砝码包装防护垫取出。将起升板上的黄色固定螺丝松至起升板能升降自如为止。最后把支销上的塑料套和阻尼筒内的填充物取出。将取出的包装物妥善保存，以备再用。

（三）清洗

打开零件包装盒，取出秤盘和承重板，按照前面所述清洗方法进行清洁工作。

（四）悬挂系统的安装

将承重板按左“1”右“2”的方向放置在吊耳支销上，再把悬挂系统的起升支承螺丝放在承重板上的支承槽眼内，最后把秤盘挂到吊耳挂钩的上钩内。

（五）横梁的安装

安装单盘天平的横梁时，手要拿住阻尼片与支点刀之间的横梁部位。先让承重刀（边刀）端倾斜向下，伸进承重刀垫下的间隙内，并让横梁上的定位支承槽落入起升板上的定位支销上，然后再使阻尼片端横梁后端落入阻尼筒内，这时横梁支销应与横梁上的相应支承正确对应。

（六）机械挂砝码的安装

按照砝码架上的标志，依次将圆柱形砝码放入砝码承受架内。

第三节 机械天平的检定与数据处理

一、机械天平的检定内容是什么

机械天平的首次检定、后续检定和使用中检验内容共有6项，可以根据天平的结构选择其中的几项来进行检定。具体检定内容如下：①外观检查；②天平的检定标尺分度值及其误差；③天平的横梁不等臂性误差[1]；④天平的示值重复性误差；⑤游码标尺、链条标尺称量误差；⑥机械挂码的组合误差。

二、天平的检定目的是什么

天平检定的目的，就是确保天平的准确性和可靠性，无论是新购买的天平还是使用过一定时间的天平，都应该对其计量性能进行检查，看其是否保持并符合国家计量检定规程JJG98-2019《机械天平》的规定。天平的检定周期一般不能超过一年，使用频繁的天平或者怀疑有问题的天平，应适当缩短检定周期，根据情况可定为半年或一季度。

三、机械天平的检定应当注意什么

天平应处于水平状态，天平平衡位置为零，并且无影响天平检定之故障。检定不能中途停止，否则应从头开始。检定过程中要精神集中，正确读数，认真记录，千万不要读错或记错，否则应重检。天平经过调修应停放一段时间后才能进行检定。①$_3$级以上天平没动过刀子应该停放2～3h，动过刀子的天平应该停放48 h；②级以上的天平则应分别停放1～2h和24 h。

四、机械天平检定需要哪些工具

工具如下：①一对等重砝码（相当于天平的最大秤量，且两个砝码之间的误差不大于1个分度）；②一盒标准砝码（配有砝码镊子一把），该砝码的扩展不确定度不得大于被检天平在该载荷下的最大允许误差的1/3；③测天平标尺分度值的标准小砝码1个，其误差不大于标尺分度值的1/2；④一个精度不低于8的水平仪；⑤一副称量手套；⑥计算器一个；⑦记录笔和天平检定记录表若干；⑧分度值不大于0.2℃的温度计；⑨相对准确度不大于5%的干湿度计。

①王坤．依据新规程检定机械天平的注意事项[J]．中国计量，2020(04)：125-132.

第四节 机械天平的保养与调修

一、如何正确操作机械天平

(一)天平使用前的检查和准备

检查和准备如下:①使用前应检查天平的各部件是否处于相应的位置上;②检查天平底板和秤盘是否清洁;③被称物先在架盘天平上粗称,已知大约重量后,再在天平上精称;④称量前必须检查天平的水平位置和平衡位置是否处于正确位置上。

(二)使用注意事项

注意事项如下:①开启或关闭天平时,必须均匀缓慢地转动开关旋钮,切不可中途停顿后再旋转,更不可过快、过猛地开关天平,以免损坏刀刃和造成秤盘晃动,影响天平的准确衡量;②使用者必须面对天平进行操作,准确读数和记录;③不准直接用手拿取砝码和被称物,必须用镊子夹取或戴称量手套;④应用同一台天平和砝码完成一次实验的全部称量;天平和砝码必须配套使用,不得调换;。⑥被称物和砝码必须从天平的两个旁门放取,不得开启前门。⑦被称物和砝码应放在秤盘的中心位置上,被称物的重量不得超过天平的最大载荷,外形尺寸也不能过高过大;⑧被称物的温度必须与室温一致,方可放入天平内称量;⑨在天平两个秤盘上分别放一块塑料薄膜。避免秤盘被磨损和腐蚀;⑩严禁将化学药品直接放在秤盘上称量,凡是潮湿的、易挥发的和腐蚀性的物质,必须用带盖的容器盛放,再在天平上称量;⑪化学药品不得撒落在天平内,如不慎将药品撒落,必须马上清洗干净;⑫开启天平后,禁止取放砝码和被称物;⑬开启开平前将两侧旁门关好,以免气流对流,影响读数的正确性;⑭使用机械挂码装置时,旋转读数指示盘的动作要轻、缓,防止砝码跳出槽外或互相搭在一起。

(三)天平的使用

使用方法如下:①将被称物放在天平的秤盘上;②根据粗称时的重量,

将砝码放在另一个秤盘上,再旋转机械挂码的读数指示盘至所需的数字[①],如果使用的是全机械挂码的天平或者单盘天平,则可直接用读数指示盘调至所需的重量;③慢慢地开启天平,观察指针偏移的速度和方向,如果指针随着开关手钮的转动而迅速地偏向一方,则立即轻轻地关闭天平,使用单盘天平时,需观察光幕的走动速度和方向;④如果指针偏向砝码一方或光幕向下移动,说明被称物一方重了,需要添加砝码,反之,则减少砝码;⑤经数次调整至天平达到平衡,即指针指示在读数刻度范围之内;⑥待天平指针稳定后,按砝码重量从大到小读数,并记下其数据,然后轻轻地关闭天平;⑦取下被称物和砝码,将读数指示盘旋转至"0",开启天平,检查天平的零点位置;⑧关闭天平,恢复原状后罩好天平罩。

二、机械天平如何进行维护保养

维护保养方法如下:①操作者必须了解和掌握天平的基本知识,不会使用者严禁独自在天平上称量物品;②每台天平都要设专人负责,每天检查一次,并要有天平使用记录本,以便了解天平的使用次数和情况;③每台天平都必须配一个天平罩,最好是用黑红两层布缝制的;④经常保持天平内外和桌面的清洁。在清扫桌面时,注意不要碰到开关手钮,以免天平横梁滑落;⑤天平内要保持干燥,可在天平内放置干燥剂,如变色硅胶,并要经常更换并脱水处理,但不可放置具有腐蚀性的干燥剂,如硫酸、氧化钙等;⑥天平不得随意移动和拆卸,如需要搬动时,必须取下横梁等部件,或请维修人员协助;⑦天平应定期进行维修和检定;⑧使用时发现异常现象,应立即停止使用,进行检查修理,不得带病运转,如果故障严重,自己无法修理,切不可随意乱动,应及时请维修人员检修,以免造成更大的损坏。

三、天平的电源变压器有故障时,怎么排除

现在,绝大多数的单位,尤其是产品质量监测和检验部门,其机械天平基本上都是电光分析天平,既然要用电,当然少不了变压器。我们日常见到的天平变压器,一般是将电源电压220 V(也有110 V的)降成6 V或8 V,输出给天平光源系统。

---

①官子贺. 机械天平的正确操作[J]. 品牌与标准化,2010(18):45.

（一）故障原因

故障原因如下：①变压器输入端导线接触不良或断线；②变压器输出端导线接触不良或线头脱焊；③变压器的原线圈（也称初级线圈）或副线圈（也称次级线圈）断路或短路烧坏。

（二）调修方法

调修方法：①用万用表的欧姆挡检查输入端导线，确定问题部位，将接触不良部位修好，若导线中间有断的地方，应更换新的导线（俗称电线）解决；②用万用表的欧姆挡（电阻挡）检查变压器的输出端，若接触不良，应用细砂纸打磨一下输出端的插销孔；若输出端导线脱焊，应拆开变压器的外罩，将脱焊线圈引出接头焊好，问题即可解决；③用万用表检查变压器输入端或输出端的电阻值，若有一定电阻值，说明变压器是好的，如果阻值无穷大（万用表指针根本不动），说明变压器线圈有问题，应送有关单位修理或更新。

四、天平不平衡时，怎么进行调整

天平作为一种精密的衡量仪器，在科学研究领域和工农业生产的检验分析中，发挥着重要作用。但是，一旦天平出现问题，非但不能提供准确的称量数据，还可能给生产检验带来不可估量的经济损失。所以，不但天平维修的专职人员应该掌握一些维修技术，一般的检验分析人员，也应该学习一些简单的维修技术，如掌握天平不平衡的调修，因这种情况经常出现。

天平不平衡主要表现在平衡位置距读数窗上标准刻线有一定距离，俗称不在零点，少时差几个分度，多则几毫克，甚至更多。

（一）故障原因

故障原因如下：①天平不水平；②秤盘撒落称量物；③天平等臂状态下的两边悬挂系统不等重；④天平不等臂（针对等臂天平而言）。

（二）调修方法

调修方法如下。①调修天平不水平的问题时，只要调整天平前边底部的两个调整脚即可。注意一点，应边调整边观察天平的水平装置，直至水平气泡居于标准圈的中心处时为止，并将锁固调整脚的螺母紧固好。切忌天平不平衡时，就调整天平的两个水平调整脚，虽然天平好似平衡了，但天平不水平，将给称量结果带来很大的误差。②秤盘上的撒落物包括一些尘土等，应该及时清除干净，才能保证天平零点正确，否则，容易带来称量误差。③天平等臂情况下的天平不平衡，如果零点偏离标准刻线几个分度，应该调整天平的零点微调器，一般零点微调器可调整6～10个分度；如果天平零点相差很大，则应调整天平横梁上的两个平衡砣，也是边调整边观察调整情况，直至调好为止。注意调平衡螺丝（平衡砣）时，应先将天平的零点微调器拨杆置于中间位置（即左右调整量大致相等处）。④调修不平衡时，应先将天平横梁的两臂臂比调整好，也就是调至等臂时，再调天平的不平衡状态。一般天平经过调整不等臂后，两边不等重较严重，差几十毫克甚至几百毫克。这就要求我们用带孔的小金属垫片等向轻的一个秤盘中加放，直至基本平衡时，再将小金属垫片取出，安放在天平阻尼内筒里的螺丝上，并用固定螺母紧固好，也可以安装在天平秤盘的底部。总之应安放在不影响天平美观的暗处，微调平衡砣使天平零点处于标准刻线处。

五、天平的显示窗（也称读数窗）上无显示时，怎么进行调修

当我们旋转天平的开关手钮打开天平时，若在显示窗（或显示屏）上没有显示，我们是无法进行称量或调修的，只有先解决此问题，余下问题才能进行。

（一）原因

原因如下：①没有电源；②插销没接通；③插销接触不良；④天平微动开关有故障；⑤灯泡没有拧到位；⑥灯泡坏了；⑦反光镜的反射角度不正确。

（二）调修方法

调修方法如下：①用试电笔或万用表检查电源插座；②如果插销没插上应该及时准确插好；③排除插销上的问题，如虚接、断线等；④检查并修好天平的微动开关；⑤将灯泡拧到位，切忌使劲拧；⑥更换合格的灯泡；⑦逐一检查调整各反光镜至合格为止。

六、天平横梁发生扭动时，怎么解决

当天平开或关时，其横梁都发生扭头(或叫扭动)现象，它将严重影响

天平的正常使用和准确称量。

(一)原因

原因如下:①天平秤盘或指针尖端等部位与其他物品相卡碰;②严重耳折;③支销位置不合适,尤其是横梁支销位置不合适。④严重跳针;⑤开关轴与升降轴接触部位不正确;⑥翼翅板有问题;⑦开关轴上的偏心销与升降轴销孔配合不好,产生松动等。

(二)调修方法

调修方法:①排除秤盘或天平指针等活动部件与固定部件相卡碰的现象;②将严重耳折部位按耳折调修的方法调修好,排除耳折现象对天平横梁扭头的影响;③认真检查横梁支销和吊耳支销,发现问题应及时解决,使支销位置正确;④将跳针现象排除解决,可参考前面跳针故障的排除方法进行;⑤认真检查排除开关轴与升降轴接触部的故障;⑥检查排除翼翅板上的故障,使之正常灵活地升降;⑦若开关轴上的偏心销与升降轴销孔配合不好.使其松动,应检查各固定螺丝等,固紧或调整有关螺丝长短,使其接触良好。

第五章 电子天平

第一节 电子天平的安装与使用

一、电子天平的基本原理

大家知道，机械光电分析天平是应用杠杆原理而工作的，那么电子天平是靠什么原理而工作的呢？

根据初中物理，大家知道，处于磁场中的通电导体（导线或线圈）将产生一种电磁力，力的方向可用物理学中的左手定则来判定，如果通过导体的电流大小和方向以及磁场的方向已知的话，则有电磁力的关系式：

$$F=BLI\sin\theta$$

式中：F为电磁力；B为磁感应强度；L为受力导线长度；I为电流强度；$\sin\theta$为通电导体与磁场夹角的正弦。

从式中不难看出电磁力F的大小与磁感应强度B成正比，与导线长度L和电流强度I也成正比，还和通电导体与磁场的正弦夹角成正比。在电子天平中，通常选择通电导体与磁场的夹角为90°，即$\sin 90°=1$，这时通电导体所受的磁场力最大，所以上式可改写成：

$$F=BLI$$

由于上式中的B、L在电子天平中均是一定的，也可视为常数，那么电磁力的大小就决定于电流强度的大小。亦即电流增大，电磁力也增大；电流减少，电磁力也减小。电流的大小是由天平秤盘上所加载荷的大小，也就是被称物体的重力大小决定的。当大小相等方向相反的电磁力与重力达到平衡时，则有：

$$F=mg=BLI$$

上式即为电子天平的电磁平衡原理式。通俗地讲，就是当秤盘上加上载荷时，使其秤盘的位置发生了相应的变化，这时位置检测器将此变化量通过PID调节器和放大器转换成线圈中的电流信号,并在采样电阻上转换成与载荷相对应的电压信号,再经过低通滤波器和模数(A/D)转换器,变换成数字信号给计算机进行数据处理,并将此数值显示在显示屏幕上,这就是电子天平的基本原理。

二、电子天平的基本构造

目前,电子天平的种类繁多,无论是国产电子天平,还是进口的电子天平,不论是大称量的电子天平,还是小称量的电子天平,精度高的还是精度低的,其基本构造是相同的。主要由以下几个部分组成。

(一)秤盘

秤盘多为金属材料制成,安装在天平的传感器上,是天平进行称量的承受装置。它具有一定的几何形状和厚度,以圆形和方形居多。使用中应注意卫生清洁,更不要随意调换秤盘。

(二)传感器

传感器是电子天平的关键部件之一,由外壳、磁钢、极靴和线圈等组成,装在秤盘的下方[①]。它的精度很高也很灵敏。应保持天平称量室的清洁,切忌称样时撒落物品而影响传感器的正常工作。

(三)位置检测器

位置检测器是由高灵敏度的远红外发光管和对称式光敏电池组成的。它的作用是将秤盘上的载荷转变成电信号输出。

(四)PID调节器

PID(比例、积分、微分)调节器的作用,就是保证传感器快速而稳定地工作。

(五)功率放大器

功率放大器的作用是将微弱的信号进行放大,以保证天平的精度和工作要求。

(六)低通滤波器

低通滤波器的作用是排除外界和某些电器元件产生的高频信号的干扰,以保证传感器的输出为恒定的直流电压。

①王立群. 简述电子天平的工作原理[J]. 黑龙江科技信息,2013(16):17.

(七)模数(A/D)转换器

模数转换器的优点在于转换精度高,易于自动调零,能有效地排除干扰,将输入信号转换成数字信号。

(八)微计算机

微计算机部件可说是电子天平的关键部件。它是电子天平的数据处理部件,具有记忆、计算和查表等功能。

(九)显示器

现在的显示器基本上有两种:一种是数码管的显示器;另一种是液晶显示器。它们的作用是将输出的数字信号显示在显示屏幕上。

(十)机壳

机壳的作用是保护电子天平免受灰尘等物质的侵害,同时也是电子元件的基座等。

(十一)底脚

底脚是电子天平的支撑部件,同时也是电子天平水平的调节部件,一般均靠后面两个调整脚来调节天平的水平。

三、电子天平的种类

现在电子天平的种类很多,分法也不统一,可从电子天平传感器的种类和电子天平的精度及用途来划分。

(一)按传感器的种类划分

1. 电磁平衡式

顾名思义,也就是利用电磁力平衡原理而制成的电子天平。这种原理的天平,其结构复杂但精度很高。可达二百万分之一以上的精度,它是目前国际上高精度天平普遍采用的一种形式。

2. 电感式

它是利用差动变压器原理而制成的天平,其结构简单,精度和成本较低,它是目前广泛应用在精度要求不高的行业里的一种天平。

3. 电阻应变式

它是应用电阻应变式原理制造的天平,精度可达万分之一,称量范围较大,从几公斤至几十吨,适合大秤量设备,如汽车衡、电子皮带秤等。

4.电容式

它是利用电容原理制造的天平,其构造简单、精度较低,应用于一般要求的行业中。

(二)按电子天平的精度划分

电子分析天平是常量天平、半微量天平、微量天平和超微量天平的总称。

1.超微量电子天平

超微量电子天平的最大秤量是2~5 g,其标尺分度值小于秤量的10^{-6},如赛多利斯的SC2和CC6型电子天平等均属于超微量电子天平。

目前,精度最高的超微量电子天平,是德国(原西德)赛多利斯工厂制造的亿分之一克,也就是0.00 000 001(0.01μg)精度的天平,此记录已载入吉尼斯世界纪录。

2.微量天平

微量天平的秤量一般在3~50 g,其分度值小于秤量的10^{-5},如赛多利斯的CC21型电子天平以及赛多利斯的MC21S型电子天平等均属于微量电子天平。

3.半微量天平

半微量电子天平的秤量一般在20~100 g,其分度值小于最大秤量的10^{-5},如赛多利斯的CC50型电子天平和赛多利斯早期生产的M25D型电子天平等均属于此类。但是这种分类不是很严格,主要看用户需要什么精度和秤量的天平。

4.常量电子天平

常量电子天平的最大秤量,一般在100~200 g,其分度值小于秤量的10^{-5},如普利赛斯的XT220A与XT120A型电子天平和赛多利斯早期的A120S、A200S型电子天平均属于常量电子天平。

5.精密电子天平

这类电子天平是以准确度级别为标准的电子天平的统称。如普利赛斯的XT6200C型和XT4200C型。

四、电子天平的级别

依据JJG1036-2015《电子天平》计量检定规程的规定,电子天平与其他天平一样,其级别是按照电子天平检定标尺分度值e和检定标尺分度数n,划分成下列的四个准确度级别:特种准确度级、高准确度级、中准确度级、普通准确度级。

五、电子天平的选择

电子天平随着科学技术的发展而大量地进入市场,进入各个行业。如何选择和维修天平变得日益重要。选择电子天平应从以下两个方面考虑。

(一)精度要求

我们选择电子天平,应该从电子天平的绝对精度(分度值)上去考虑其是否符合称量的精度要求,如选0.1 mg精度的天平或是0.01 mg精度的天平,切忌笼统地说要万分之一或十万分之一精度的天平,因为国外有些厂家是用相对精度来衡量天平的,否则买来的天平无法满足用户的需要。

(二)秤量要求

选择天平除了看精度,还应看最大秤量是否满足量程的需要。通常取最大载荷加少许保险系数即可,也就是常用载荷再放宽一些即可,不是越大越好。

六、电子天平安装室的要求

电子天平虽然很贵重,但也不是安装条件越高越好,安装环境固然是好,但造价太高,所以应从实际出发,满足下列要求即可:①房间应避免阳光直射,最好选择阴面房间或采用遮光办法;②应远离震动源如铁路、公路、振动机等震动机械,无法避免者应采取防震措施;③应远离热源和高强电磁场等环境;④工作室内温度应恒定,以20℃左右为佳;⑤工作室内湿度应在45%~75%以内为佳;⑥工作室内应清洁干净,避免气流的影响;⑦工作室内应无腐蚀性等气体的影响;⑧工作台应牢固可靠,台面水平度要好。

七、电子天平安装前的清洁

电子天平的种类很多,不论是进口的电子天平,还是国产的电子天平,在出厂时均要将活动部件拆下包装好,并将天平整机进行包装处理。但无法避免长途运输中或存放库房中的灰尘等物质的侵蚀,难免落上尘土等物,所以在安装电子天平前均要进行清洁工作,一般分为以下几步进行:①

首先要用毛刷或鹿皮等除去浮土等物;②称量室或靠近磁钢处要用潮湿的绸布等除尘,切记不要让尘土和脏物落入磁钢中,以免造成天平的故障;③再用潮湿的绒布等将天平及部件擦拭干净(不宜使用溶剂);④再用干净的鹿皮或绸布等将天平及其零部件擦拭干净,确保天平的清洁干净。

八、如何安装丹佛T/TB系列电子天平

丹佛电子天平T/TB系列电子天平的安装主要有以下几个步骤:①用裁纸刀等划开外包装纸箱上的胶带,打开纸箱取出天平及包装物;②托好天平除去左右两部分包装物,注意先取出变压器等物品;③将天平置于稳固的工作台上,进行清洁工作;④取出变压器将插头插入天平后面底部的电源插孔内;⑤除去天平左右上玻璃门上的保护胶带,打开旁门,将天平屏蔽盘、秤盘支架和秤盘依次安装好;⑥认真仔细观察外接电源与变压器电源相符时,将变压器插入外接电源插座内;⑦调好电子天平水平并开机预热30 min以上。⑧参考有关问答对天平进行校准以备使用。

九、如何安装瑞士普利赛斯XT系列电子天平

瑞士普利赛斯XT系列电子天平属于原装进口电子天平,它的安装工作应该从以下几个方面进行。

安装环境要求:①安装地点应远离振源、热源和电磁场;②避免阳光辐射;③安放台要坚固水平。

拆箱与清洁:①拆去外包装并妥善保管好以备再用;②如果天气寒冷,应在安装间存放数小时为好,避免冷凝现象;③开启后按照说明书的提示检查天平零部件是否齐全和完好无损;④对部件进行清洁除尘;⑤如果在开箱检查中发现问题,及时与普利赛斯服务代表联系。

安装:①将天平主机安放在工作台上;②在天平主机上安装防尘罩,如果没有防尘罩免此项工作;③在天平内安装保护圈,同时用两个螺丝固定天平的防风罩;④将天平秤盘支架装入秤盘轴上并放上秤盘;⑤将变压器的接线分别与天平后面的插销和外接电源连接好,注意变压器电压挡与外接电源电压的一致性;⑥将天平调好水平备用。

十、如何安装瑞士普利赛斯XS系列电子天平

瑞士普利赛斯XS系列电子天平的安装工作应从以下几个方面进行。

安装环境要求:与XT系列相同。

拆箱与清洁:拆箱和清洁工作与XT系列基本一致。

安装:①在工作台上先安放天平主机;②将天平防尘罩安放在天平主机相应位置上,注意不要碰坏玻璃防风防尘罩;③将天平保护圈安上,再用两个固定防尘罩的螺丝将防风防尘罩固定好;④将秤盘支架和秤盘分别安放好;⑤用变压器的输出插头插入天平后面的电源插孔内;⑥调整好天平的水平状态;⑦检查变压器输入电压是否与供电外电源一致,如果一致就将输入电源插销插入外电源插座内以备天平使用。

十一、如何安装赛多利斯BS系列电子天平

德国赛多利斯BS系列电子天平的安装应该注意以下几点。

安装环境要求:①电子天平应该放置在坚实稳定和平坦的台面上,切忌安放于普通木桌上;②天平室应避免阳光照射,特别是安放电子天平的位置,否则应悬挂遮光大绒布等窗帘;③天平室应避免气流流动,更不要开电扇等进行天平称量工作;④天平室应远离振源、热源和电磁辐射较强的地方;⑤天平室温度要保持恒定,湿度不应过大;最佳温度为20℃左右,湿度在45%~75%为好。

拆箱与安装:①拆开包装箱取出天平及附件;②将电子天平放在符合安放条件的地方;③对电子天平进行清洁除尘;④取出电源电缆,并将插头插入电子天平相应的外接电源插孔内;⑤安装天平防风罩;⑥安放电子天平秤盘下的屏蔽环、秤盘支架和天平秤盘;⑦接通电源前,应仔细检查电子天平外置电源变压器显示的电压值是否与外部连接电压一致,否则应进行调整,至合适后再接通电源;⑧电子天平壳体允许接地;⑨如果电子天平有辅助设备打印机和计算机等与数据接口连接或切断时,首先要切断电子天平的外接电源;⑩调整电子天平底部的可旋动的底脚,将电子天平调整为水平状态,即气泡位于水平仪标准圈中央位置。

十二、如何安装沈阳龙腾电子天平

沈阳龙腾电子天平有几种系列,其安装方法如下。

(一)ESA系列电子天平的安装

安装方法:①将天平包装拆箱并取出主机备件等;②对主机和部件进行除尘清洁处理;③将天平主机放在符合环境要求的台面上;④用合适的工具将天平上部壳体左前部的"运输限位保护部件"拆卸下来,之后再将固定"运输限位保护部件"的M5螺丝在原位置拧紧,此步骤适合于ES-5000A型号的电子天平;⑤调整天平底部的调整脚,使天平处于水平状态;⑥将盘托和秤盘等部件安装在天平的盘托轴上;⑦将天平与外接电源连接好,注意天平电压与外接电源电压要一致,另外,要注意接地,外接电源无接地线时,应按天平后面的接地标志接入地线。

(二)ESJ系列电子天平的安装

安装方法:①拆箱并取出天平主机和部件;②对天平主机和部件进行除尘和清洁;③将天平防尘隔板、防风环、盘托和秤盘依次放好;④将电源插销插入天平外接电源插座内,再将另一端插销插入220 V的外接电源插座上,天平显示待机状态。

(三)JD系列电子天平的安装

安装方法:①拆箱并且取出电子天平的主机与部件;②对天平主机和部件进行除尘和清洁;③选择合格的安装环境和工作台安放好电子天平主机;④依次将电子天平的防尘隔板、防风环、盘托和秤盘放在天平相应位置上;⑤将外接电源线连接好,确认外部电源与天平电压一致后,将电源插销插入外接电源的插座内。

说明一点,除了JD500-2,JD1000-2和JD2000-2只有盘托和秤盘外,其余型号均有防尘隔板、防风环、盘托和秤盘。

(四)ESK系列电子天平的安装

安装方法:①拆箱取出天平主机与部件;②对天平主机和部件进行除尘和清洁;③将天平底部壳体上的"运输限位保护部件"拆卸下来,卸的过程中要注意先将"盖板"上的两个M3螺丝卸下来,再将M5螺丝拧下来,拧时,要匀速慢拧,以免损坏天平内的力簧,最后,再把"运输限位保护部位"用两个M3螺丝照原样拧回原处,此项操作不适合于ES100K型微机电子天平;④把天平主机安放在防尘和防震等符合环境要求的台面上;⑤调整底部脚轮,使天平处于水平状态;⑥将盘托和秤盘安放在天平主机的盘托轴上;⑦用电源插头连接到外部220 V的电源上。

十三、如何安装一般电子天平

电子天平的安装工作,比机械光电分析天平的安装更为简单,只要认真阅读天平说明书,熟悉电子天平各部件,安装工作便可顺利进行。根据作者多年来的实践和了解,安装电子天平主要应从以下几个方面入手:①首先选择合格的安装室并有合格的安装台;②拆去电子天平的外包装如纸箱等,并将外包装及防震物品收藏好,以备再用;③清点天平主机及各部零备件是否齐全,外观是否良好;④对天平主机及零部件进行除尘和清洁工作;⑤安装天平主机,并通过调整天平后底部的水平调整脚,将天平调至水平状态(可观察天平称量室内的水平装置);⑥将天平的秤圈、秤盘等活动部件安装到位,有些秤盘需要旋转才能固定好;⑦松开运输固定螺丝或键钮等止动装置(有些电子天平没有此装置);⑧将电子天平的外接电源选择键钮调至当地供电电压挡上,如放在220 V挡上;⑨把外接电源插销插入外接电源插座内,并打开电子天平的电源开关,观察天平的显示是否正常,如正常显示就按说明书的要求进行预热。

十四、电子天平检定标尺分度值e与电子天平实际标尺分度值d有什么区别

天平,尤其是电子天平的检定标尺分度值e与电子天平的实际标尺分度值d存在着很大的区别。

(一)检定标尺分度值e的有关规定

第一,检定标尺分度值用质量单位表示,它应当取下列形式:1×10^k或2×10^k或5×10^k,其中,k为正整数、负整数或零。第二,有刻度、无辅助装置的天平,检定标尺分度值e等于实际标尺分度值d。第三,有刻度,有辅助装置的天平,检定标尺分度值e,由生产厂根据下述规则选取:$d<e\leq10d$,对于$d<1$mg的①级天平,允许生产厂不按上式要求选择检定分度值e。在一般情况下,不经检定部门定型鉴定的验证和同意,检定分度值e还应服从下式要求:$e=10^k$(kg),式中:k为指数,为正整数、负整数或零。第四,无刻度的非自动天平,检定标尺分度值e,由生产厂根据要求选定。

（二）含义不同

d是天平的最小刻度或叫分度值，也有叫最小读数精度的。它是天平本身的最小量值，也可视为精度。按规定称为天平实际标尺分度值，用符号“d”表示。

e是天平检定标尺分度值，顾名思义就是检定时用的分度值。这个检定时用的分度值不能等同于天平实际标尺分度值d，它不像d值一样是固定不变的，而是根据需要人为规定的一个可变值。可以规定e=10d，也可以规定e=5d，甚至e=2d均可成立，只要不违反国家计量检定规程的规定就可以。

（三）说明

电子天平实际标尺分度值d，是表明电子天平的最小精度是多少的，而电子天平检定标尺分度值e是对电子天平进行检定时考核技术指标用的。确切地说，选取电子天平的最佳精度不能只看d值，还要看e值。尤其是精确称量、科学实验和量值传递等部门，选择天平要看检定标尺分度值e为好。

十五、如何使用普利赛斯XS系列电子天平

具体使用方法如下。

（一）应用程序的设定

在标准称重模式下，按一下“MODE”键，即可进入“应用程序目录”的设定。使用“长按”与“短按”的方法，来进行各种输入，黑体字为出厂设定值。

请先选定您要使用的应用程序模块。“SET APP.OFF”：不激活任何应用程序（即标准称重模式）。“SET APP.UNITS”：设定第2、第3或第4种不同称量单位。“SET APP.COUNT”：设定计数功能。“SET APP.PERCENT”：设定百分比功能。选定完毕后，按住“MODE”键不放，再跳入下一个选项：“SET APPLICATON”（设定应用程序的参数），才能设定该应用程序的细节。“AUTO-START ON/OFF”可设定于开机时，直接进入您所选定的应用程序。

（二）如何在标准称重模式，与应用程序间互相切换

提醒您要执行任何一组应用程序前，请务必在应用程序目录中，先完

成其相关设定。

第一,按一下“MODE”键,在下层屏幕中会出现您所设定好的应用程序名称,例“UNITS”,“COUN”……

第二,如果此时出现“SET APP.OFF”,即代表您并未选择任何应用程序来执行。

第三,在进入应用程序后,可按REF键,来执行相关的功能。

第四,再按1次“MODE”键,则会出现“BALANCING”,即回到标准的称重模式。

(三)应用程序UNITS(单位)

应用程序UNITS(单位):共有4组不同设定;每组均有15种计量单位可供定义进入“SEI APPLICATION”目录中(见表5-1)。

表5-1 “SEI APPLICATION”目录

“UNIT-2 kg” “UNIT-2—” “UNIT-2 OFF”
“UNIT-3 kg” “UNIT-3—” “UNIT-3 OFF”
“UNIT-4 kg” “UNIT-4—” “UNIT-4 OFF”

注:UNIT1的定义是在“参数目录”中。

使用方法:①依照(二)的方法,先激活应用程序;②按住REF键,下层屏幕会轮流出现您设定好的其他单位,放开即自动执行。

(四)应用程序COUNT(计数)

应用程序COUNT(计数):在此模式下,您可用来称量固定重量的小对象,并计算其数量。例如小螺丝、钱币、电子零件等。

进入“SET APPLICATON”目录中(见表5-2)。

表 5-2 “SET APPLICATON”目录

“FLEXIBLE OFF/ON”设定参考量不可以/可以更改 “REFERENCE 10PCS”预设之参考量为10个

使用方法：①依照（二）的方法，先激活应用程序，在电子天平显示器显示“FLEXIBLE OFF”时为止；②按您所设定的样品数量，置入称盘中；③按一下REF键，即可将目前称盘中的数量定义成参考值；④显示“FLEXIBLE ON”时，在称盘中放入任意已知个数的对象；⑤使用REF键，更改参考量的数值，“长按”住REF键不放，数字会以1…10…25…50…跳动，直到您所希望的数字出现时放开即可（若要以“1”进位，请用“短按”的方式）。

（五）应用程序PERCENT（百分比）

应用程序PERCENT（百分比）：可将目前重量，与预设的参考重量作百分比的比较。

进入“SET APPLICATION”目录中（见表5-3）。

表5-3 “SET APPLICATION”目录

“DECIMALS AUTO” 自动取小数点 “DECIMALS 0” 取整数字 “DECIMALS 1” 取小数1位 “DECIMALS 2” 取小数1位 “DECIMALS 3” 取小数1位

使用方法：①依照（二）的方法，先激活应用程序，②将您要比较的参考重量置于秤盘上；③按下REF键，下层屏幕会显示“REFERENCE 100%”，表示已将参考重量设入；④您再放入其他样本，与参考重量间的差异量会以百分比显示于屏幕中。

十六、如何使用赛多利斯BS系列电子天平

（一）赛多利斯BS系列电子天平的功能键

功能一：“ON/OFF”开关键。

功能二：“TARE”除皮（或去皮）键。

功能三：“CAL”调校键。

功能四：“F”功能键。

功能五：“CF”清除键。

功能六:“PRINT”数据输出打印键。

(二)电子天平显示器显示符号说明

第一,天平接通电源,并按“ON/OFF”开关键,电子天平显示器显示所有符号,电子称量系统自动实现自检功能。当电子天平的显示器显示零时,说明自检过程已经完成,天平已经处于准备使用状态。

第二,如果显示器的右上角显示小0,说明电子天平曾经断过电或者断电时间大于3 s。

第三,如果电子天平显示器的左下角显示小0,说明电子天平显示器已经通过开关键关闭,电子天平已经处于待机状态。只要称量需要,可以随时按“ON/OFF”开关键,打开电子天平的显示器进行称量工作,而不必再进行预热了。

第四,如果电子天平显示器的左上角上显示“φ”符号,说明电子天平正在工作或者繁忙,而不能接受新的指令。

第五,“g”等单位符号,在称量数值稳定后出现,表示可以读取天平显示数值了。所以,它代表稳定符号。

(三)BS系列电子天平的使用方法

具体方法:①首先要接通电源对天平进行预热,尤其是电子天平在初次使用或者长期不用之后,更需要进行预热,一般型号至少预热30 min以上,而BS21S型预热时间不能少于2.5 h。这样做才能保证天平需要的温度,从而保证电子天平的测量结果准确而可靠;②天平应该处于水平状态;③天平显示器应稳定地显示零位,否则应按“TARE”除皮键清零,注意,清零除皮时,应在天平稳定符号“g”等出现时进行;④打开电子天平旁门,放上器皿等并关好门,待稳定符号“g”出现时,记下读数或按打印键(如果连接有打印机等辅助设备),如果不需要记取读数,可在“g”符号出现后,按电子天平的除皮键清零;⑤打开天平旁门,往器皿上直接加放称量物品,直至加放至需要重量时为止;⑥取下样品和器皿,并按去皮键清零,如果暂时不用,可按开关键关闭电子天平的显示器。

另外,需要说明的是,电子天平新安装后或者一段时间不用后,都应该先预热后,马上进行校正。同时,应该定期进行校正,以确保天平称量数据的准确可靠。具体校正方法,见后面有关问答。

十七、如何使用美国丹佛电子天平

美国Denver(丹佛)电子天平已经进入我国市场,使用此天平的用户日益增多。为了及时准确地介绍此电子天平,方便广大用户使用和操作电子天平,现将有关情况作一个介绍,供大家在工作中参考。

(一)有关键钮说明

美国丹佛电子天平种类较多,我们这里重点介绍AB系列。AB系列的电子天平具有双显示功能,使用中不但可以看到称量的数值,还可以看到称量指示器上的质量显示,从而避免超载称量。

1.六个按键钮的作用

AB系列的电子天平,如AB-250D电子天平,其显示器下方有6个按键钮。最左边的是打印键,而最右边的是帮助键,即对电子天平使用发生问题时,按动此键钮,可以阅读天平说明书等技术资料。而中间4个按键钮,则随着电子天平显示器显示的符号不同而改变作用。如在称量状态时,从左边始依次作用为功能键、校正键、转换量程键和开门键钮。当然,在显示器上的符号均为英文。另外,按键钮的下边,即是“TARE”去皮键杆,按动此杆可以去皮重或清零等。

2.有关显示符号的意义

“C”符号如果在显示器右上角处闪动,说明电子天平因温度等条件改变而失去原有精度,故需要进行校正,应按天平的“CAL”校正键钮进行校正,如无人注意天平会在2 min以后自动进行校正。

“C”符号如果在显示器右上角处出现不变,说明电子天平正在校正中,请不要去称量物品或进行干扰。

“U”符号在显示器右上角出现,说明电子天平受到干扰或处于不稳定状态下,请在此时不要使用天平。

“T”符号在天平显示器右上角出现,说明电子天平处于除皮状态。

如果电子天平显示器右上角出现几排波浪条纹,说明电子天平处于稳定状态,天平可以工作。

(二)天平室的要求

具体要求:①室温应在15～40 ℃范围内;②避免阳光照射;③避免气流流动的干扰;④避免震动并放置在稳固的台面上。

(三)天平的使用

具体方法:①让电子天平处于水平状态;②接通电源;③首次使用应预热1 h;④待电子天平稳定后即可使用。

十八、如何使用丹佛T/TB系列电子天平

丹佛T/TB系列电子天平因具有精度高、体积小和使用方便等特点而广泛应用在各个行业。

(一)丹佛T/TB系列电子天平的功能键

功能一:“ON/OFF”开关键。

功能二:“TARE”除皮键和回零键。

功能三:“CAL/CF”校正键和清除功能键。

功能四:“PRINT”打印键。

功能五:“FUNCTION”功能键。

(二)电子天平显示器显示符号说明

第一,天平接通外接电源后,按电子天平显示器旁的“ON/OFF”开关键开机,电子天平显示器上显示所有数字与符号,电子天平进入自动检测程序,无故障显示零位,否则显示故障代码符号。天平经预热后即可正常使用了。

第二,显示器右上角显示小0,说明电子天平曾经断过电或者断电时间大于3 s。

第三,如果电子天平显示器左下角显示小0,说明电子天平处于待机状态。只要称量需要,随时可以按“ON/OFF”开关键,打开电子天平的显示器进行称量工作,而不必再进行预热。

第四,电子天平的显示器左上角显示“φ”符号,表示电子天平正在执行某项工作或繁忙,而不接受新的指令。

第五,电子天平显示“g”表示稳定,可以读数或进行其他称量工作。

十九、如何使用沈阳龙腾ESJ系列电子天平

沈阳龙腾ESJ系列电子天平的使用方法如下。

(一)键及功能

1.“ON/OFF”键

开关键,在天平关机状态时,按此键天平开机显示;若在天平显示处于开机时,按此键可关闭天平显示。天平外接电源接通后,天平就处于带电预热状态,开关机只是开关电子天平的显示器,开启显示器前未拔电源插销,可不必进行预热。

2.“TARE”键

去皮或清零键,它可以在全量程范围内去皮,也可以在天平空载时清零,使天平显示零位。

3.“CAL”键

校正键,按此键可对天平进行校正,以纠正天平的称量误差。

4.“MODE”键

功能键,在此天平系列中不含任何功能而不工作。

(二)使用方法

1.一般称量

第一,天平要水平,即天平气泡要处于水平器的标准圈内中央处。否则,就调整天平底部的调整脚使天平处于水平状态。第二,应预热1 h。第三,应校正天平,如校正过或定期校正过,此步骤省略。第四,按电子天平的“ON/OFF”键开启天平显示,电子天平显示自检程序,约1 s后显示“0.000 0g”。第五,将称量器皿放到天平秤盘上,关好旁门,天平显示器皿质量值。第六,按电子天平“TARE”键去皮重,天平显示零位。第七,将称量物品放到称量器皿内,关好天平旁门,待天平稳定符号“▼”出现在显示器数值前,即可读取称量数据。第八,取下盛装物品的器皿,天平显示负的数值,按去皮键清零。

2.增量称量

称量两种及以上物品在混合前的各自质量时,均使用增量方法:①天平应水平且预热1 h;②天平应进行校准;③天平应稳定地显示零位;④将盛放物品的容器放到天平秤盘上,并关好天平旁门;⑤按电子天平“TARE”去皮键,使天平显示零位;⑥打开天平旁门向容器内缓慢添加第一种物品,待达到要求质量时停止添加,关好旁门记录读数;⑦按“TARE”去皮键使天平显示器重新显示零位,打开旁门向器皿内添加第二种物品,直至添加到符合要求质量时为止,关好旁门记录读数;⑧如果还有要添加的物品,按照上面的方法依次操作至全部完成为止;⑨取下容器及物品,天平显示负值,关好天平旁门,按“TARE”去皮键回到零位。

3.减量称量

具体方法如下:①天平应水平且预热1 h;②天平应校准并稳定地显示零位;③将装有物品的容器放到天平秤盘上,天平显示一数值,将其记录好;④按“TARE”去皮键,扣除掉总重量显示零位;⑤打开天平旁门,从容器内取出需要的物品时,停止提取并记录读数,操作时,勿使物品遗撒在天平秤盘上或其他地方。

二十、常规电子天平都有哪些特点

电子天平的特点主要有以下几个方面。

(一)显示时间快

现在由于采用了微机8501及LCD(液晶)显示,所以显示快而且耗电少。

(二)显示清晰

由于多数的电子天平,如赛多利斯,采用了液晶显示、特大字体和广角显示设计,使电子天平操作人员免除了因长期工作所产生的眼睛疲劳和视觉误差,从而进一步保证了称量的准确可靠。

(三)无弹性疲劳误差

由于电子天平采用了电磁力自动补偿原理,当秤盘加载时,电磁力会将秤盘推回到原来的位置,不会因为长期使用而失去电子天平的准确度。

(四)具有超载保护装置

因为电子天平内安装了超载保护装置,这样就可以避免因为称量超载而损坏天平。一般的电子天平均有信号提示天平已超载。

(五)具有多级防震程序

以往的机械天平没有防震措施,而现在生产的电子天平均有三级或多级防震程序可供用户选择。如果电子天平放在不太稳定的环境中,也可以通过更改合适的天平程序,保证天平称量数据的准确可靠。

（六）具有简便的自动校准装置

老式的电子天平校准一次比较麻烦，而现在新型的电子天平，只需轻按一下显示器旁的“CAL”键盘，天平即可完成一次自动校准过程，既省事又方便。

（七）具有天平故障自动检测系统

现在的电子天平，有些已装有故障自动检查系统，每当我们打开天平的开关时，就可以看到显示屏上显示CH0至CH9，这就是天平内的故障自动检测系统在工作。如果天平有故障，天平显示屏上会显示出相应的故障代码，这样就可以大大缩短检查故障的时间，为维修天平找到了准确的部位。

（八）具有修正功能

具有修正内藏砝码值的功能。

（九）具有多种天平操作程序

由于新一代的电子天平设置了操作程序，所以当环境条件、称重条件及任务（如改变不同的称量单位等）需要改变时，可以根据需要而更改天平的操作程序。注意，在天平出厂时厂家已调好程序，不是条件改变时切忌乱改程序。

（十）其他功能

常规电子天平的其他功能：①天平两边及顶部均有活动门，便于称量和从事滴定工作等；②天平底部有挂钩，可以从事测定体积或吊称物体的工作；③具有天平线性自动更改系统。

第二节 电子天平的检定与数据处理

一、电子天平检定前需做的准备工作

电子天平的检定工作,是一项复杂而又细致的工作。如果检定前准备工作得当,那么检定就很容易进行,否则,就会影响检定的正常进行[①]。

电子天平检定前应做好以下几方面的工作:①标准砝码,应有一组标准砝码,能覆盖到被检定电子天平最大秤量以上,该标准砝码的扩展不确定度(k=2)不得大于被检天平在该载荷下的最大允许误差绝对值的1/3,同时亦应配备符合要求的小标准砝码,以便测定天平的最小秤量,其标准砝码的磁化率应符合相应要求;②高于天平水平仪的水准仪;③温度计(分度值不大于0.2 ℃);④干湿度计(相对精度不低于5%);⑤万用电表;⑥秒表;⑦计算器;⑧记录笔及记录纸若干;⑨检定环境符合要求,应让天平处于水平状态并且已达到预热要求;①校准电子天平并且进行一次预加载。

二、电子天平的检定内容

电子天平的各项允许误差,均不得超过表5-4的规定。

表5-4 最大允许误差

最大允许误差	载荷m(以检定分度值e表示)			
	Ⅰ级	Ⅱ级	Ⅲ级	Ⅳ级
$\pm0.5e$	$0\leq m\leq5\times10^4$	$0\leq m\leq5\times10^3$	$0\leq m\leq5\times10^2$	$0\leq m\leq5\times10$
$\pm1.0e$	$5\times10^4<m\leq2\times10^5$	$5\times10^3<m\leq2\times10^4$	$5\times10^2<m\leq2\times10^3$	$50<m\leq2\times10^2$
$\pm1.5e$	$2\times10^5<m$	$2\times10^4<m\leq1\times10^5$	$2\times10^3<m\leq1\times10^4$	$200<m\leq1\times10^3$

Ⅰ,Ⅱ,Ⅲ,Ⅳ四级电子天平的检定项目见表5-5。

表5-5 检定项目一览表

检定项目	首次检定	后续检定	使用中检验

①魏忠玲.浅谈检定电子天平的几点体会[J].计量与测试技术,2011,38(07):51.

外观检查	+	+	-
偏载误差	+	+	+
重复性	+	+	+
示值误差	+	+	+

注:“+”为需检项目;“-”为可不检项目。

三、怎么进行电子天平的外观检查

对电子天平的外观检查主要从以下几个方面进行。

计量特征:准确度等级、最小秤量 min、最大秤量 max、检定分度值 e、实际分度值 d。

标记:法治计量管理标志。

天平的使用条件和地点是否合适。

四、电子天平的偏载(四角)误差怎么检定

对电子天平的偏载(四角)误差主要从以下几个方面进行。

要求如下:①载荷在不同位置的示值误差必须满足相应载荷最大允许误差的要求;②试验载荷要选择 max/3 的砝码,也就是 1/3 最大秤量的砝码,优选个数较少的砝码,如果不是单个砝码,允许砝码叠放使用,单个砝码应放置在测量区域的中心位置,若使用多个砝码,应均匀分布在测量区域内;③按照秤盘的表面积,将秤盘划分为四个区域;④$E_c \leq$MPE,示值误差应是对零点修正后的修正误差。

五、电子天平的重复性怎么检定

电子天平的重复性检定,应该依照 JJG1036-2015《电子天平》计量检定规程的规定,对电子天平的重复性检定按照要求从以下几个方面进行。

具体要求如下:①如果天平具有自动置零或零点跟踪装置,应该处于工作状态;②试验载荷应该选择 80%~100% 最大秤量的单个砝码,测量次数不得少于 6 次;③测量中每次加载前可以置零;④天平的重复性等于 $E_{max}-E_{min}$ 式中:E_{max} 为加载中天平示值误差的最大值;E_{min} 为加载中天平示值误差的最小值。$E_{max}-E_{min} \leq |MPE|$。

总之,相同载荷多次测量结果的差值不得大于该载荷点的最大允许

误差。

六、电子天平的示值误差怎么检定

对电子天平的示值误差主要从以下几个方面进行。

电子天平的示值误差检定,首先要求按照要求进行检定。

具体要求如下:①测试时,载荷应从零载荷开始,逐渐地往上加载,直至加到天平的最大秤量,然后逐渐卸下载荷直到零载荷为止;②试验载荷必须包括下述载荷点,即空载、最小秤量、最大允许误差转换点所对应的载荷、最大秤量;③检定中无论是加载或卸载,要保证有足够的测量点数,对于首次检定的天平,测量点数不得少于10点,而对于后续检定或使用中检验的天平,测量点数可以适当减少,但不得少于6点;④$E_c \leqslant$MPE,示值误差应是对零点修正后的修正误差。

总之,各载荷点的示值误差不得大于电子天平在该载荷下的最大允许误差。

七、检定电子天平的几个方面

对电子天平的检定主要是从以下几个方面进行。

(一)检定标准器

检定秤用的标准砝码的误差,应不大于秤相应秤量的最大允许误差的1/3,用M级砝码就能满足要求。

标准砝码的替代:当被检秤的秤量较大,而砝码的数量达不到最大秤量时,可用其他恒定载荷代替标准砝码,但替代的过程容易产生一定的误差。故对重复性有特别要求。当被测试秤最大秤量大于1 000 kg时,可使用其他恒定载荷替代标准砝码,前提是至少具备1 t标准砝码,或是最大秤量50%的标准砝码,两者中应取其大者。在以下条件下,标准砝码的数量可以减少,而不是最大秤量的50%。

若重复性误差不大于0.3e,标准砝码可减少至最大秤量的35%。

若重复性误差不大于0.2e,标准砝码可减少至最大秤量的20%。

重复性误差是将约为最大秤量50%的恒定载荷在承载器上施加三次来确定的。由以上规定可见,当标准砝码为最大秤量的50%时,需要替代1次,重复性误差应不大于1.0e;当标准砝码为最大秤量的35%时,需要替代2次,重复性误差要求不大于0.3e;当标准砝码为最大秤量的20%时,需要替代4次,重复性误差要求不大于$0.2e$。

(二)鉴别力

鉴别力的要求是为了检验秤的结构中的连接和摩擦。

对非自行指示秤,在处于平衡的秤上,轻缓地放上或取下其值约等于相应秤量的最大允许误差绝对值的4/10的附加砝码,此时计量杠杆在示值准器内应产生可见的移动。

具有模拟示值的自行指示秤在处于平衡的秤上,轻缓地放上或取下其值约等于相应秤量的最大允许误差绝对值的附加砝码,此时指针应产生不小于7/10附加砝码值的恒定位移量。

具有数字示值的自行指示秤在处于平衡的秤上,轻缓地放上或取下等于$1.4d$的附加砝码,此时原来的示值应改变。

如果秤在最小秤量、1/2秤量和最大秤量测的鉴别力符合要求,则说明在称量范围内都能满足鉴别力要求。

(三)由影响量和时间引起的变化量

秤应在满足特定的温度(范围)和供电电源(变化范围)的条件下,符合最大允许误差、称量结果间的允许差值、鉴别力、倾斜、时间(引起的变化量)的要求,另有规定的除外。

秤在使用中,产生一定的倾斜是很难避免的,要求是当秤处于倾斜的极限之内时仍可以保持其计量性能。对可能倾斜的秤,其倾斜的影响是通过将秤在纵向或横向倾斜2/1 000来确定的,或者是通过在倾斜标志上倾斜的极限值或由水平指示器的指示来确定的,两者应取其大者。秤处于标准位置(不倾斜)的示值,与处于倾斜位置的示值之差的绝对值应不大于:在空载时,为$2e$(处于标准位置的秤,空载时已调至零点);在最大秤量时,为最大允许误差(处于标准位置或倾斜位置的秤,空载时均已调至零点)。

秤应装配水平调整装置和水平指示器,并将水平指示器固定在使用者明显可见的地方。对安装在固定位置、自由悬挂的或向任一方向、倾斜5%仍能符合倾斜要求的秤除外。水平指示器的极限值应明显易见,以便倾斜时容易观察。许多普通准确度级的秤没有水平指示和调整装置,例如一些弹簧度盘秤、机械杠杆案秤,它们应该符合倾斜5%的要求。

对于固定悬挂式秤,旋转和摆动的要求是为了在实际称量过程中,当承载器旋转和摆动时，仍可以保持其计量性能。

对固定悬挂式秤，其旋转的影响是通过顺时针和逆时针旋转90°、180°，270°，360°来确定的。旋转施加砝码约等于4 / 5最大秤量。旋转后，应符合相应最大允许误差的要求。

对max>50 kg的固定悬挂式秤，向任一方向摆动，偏离垂线约10°，在10 s内应使示值稳定；对max≤50 kg的固定悬挂式秤，在5 s内应使示值稳定。

除了一些大型地秤一般在室外工作外，用于农贸市场的各种小型秤也大量地工作在室外。在室外条件下，由于季节或南北方气候差异，秤应具有较大的温度适用范围，即在较大的温度范围内，秤应保持其计量性能。若在秤的技术说明中没有说明特定的工作温度，则秤应在下述温度界限内保持其计量性能：-10℃～+40℃。这个温度范围的要求，应该说并不是很严酷，因为我国北方大部分地区冬天的气温在0 ℃以下，甚至少数地区低于-10℃，且持续时间较长。若在秤的技术说明标志中标明了特定工作温度，则在该界限内应符合计量要求。温度界限可根据秤的用途规定，秤的温度界限至少为30 ℃。

电子秤由于其电子器件对温度的敏感性很大而受温度影响比较明显，特别是称重传感器，温度的微小反应都会给称量结果带来较大的影响，随着电子技术的发展，尤其是称重传感器温度补偿技术的成熟，使电子秤的温度稳定性越来越可靠。但仍有个别器件例如部分液晶显示器，由于材料本身的原因，不能适用于较低的温度。

温度对空载示值有影响，是为了特别检验载荷测量装置（例如称重传感器、弹簧等）在温度变化影响下的稳定性，要求是环境温度每差5℃时，秤零点或零点附近的示值变化应不大于1个检定分度值，对于多分度值的秤，应不大于最小检定分度值。

供电电源：用电网供电的电子秤，随时都会受到因电网中其他设备的使用导致电源变化带来的影响。尤其是在生活用电网上，空调越来越多，导致电压大幅度变化。对电子秤供电电源影响的要求就是为了使电子秤在供电电源变化的影响下，仍保持其计量性能。电子秤在电源出现下述变化时仍能符合计量要求：电压变化为220 V（-15%～+10%）；频率变化为50 Hz（-2%～+2%）。

时间影响量：指秤在加有载荷的情况下，示值随时间的变化（蠕变）的程度和回零的能力。在实际的称量过程中，由于某种原因，例如汽车衡上的载重汽车因故障不能驶下，而秤仍能保持计量性能和正常地回零。在稳定的环境条件下，秤应符合下述要求。

当最大秤量的砝码放置在秤上时，加砝码后立即读到的示值与其后30 min内读到的示值之差应不大于0.5e，但是在15 min与30 min时读到的示值之差应不大于0.2e。

若上述条件不能满足，则秤加砝码后立即读到的示值与其后4 h内读到的示值之差应不大于相应秤量最大允许误差的绝对值。

卸下在秤上放置了30 min的砝码后，示值刚一稳定，其回零偏差应不大于0.5e。对于多分度值的秤，其偏差应不大于0.5e。

其他影响和制约是指可能存在于秤的实际工作环境中的，诸如震动、降雨和气流以及机械的约束和限制等。在这些影响和制约下，秤应符合计量要求和有关技术要求。因此应通过设计（例如良好的地基等），使秤在这些影响下能正常工作，或加以保护（例如汽车衡加秤房、排水等）使其免受这些影响。例如安装于室外的汽车衡，分度数n不能太大，分度值不能太小，否则秤的零点和示值都难以稳定，难以得到可靠的读数。

由摩擦和疲劳引起的耐久性误差，应不大于最大允许误差的绝对值。该项要求仅限于max≤30 kg的秤，因为零售商品用秤，其最大秤量一般在30 kg之内，超过该秤量进行耐久性测试难度太大。此规定也适用于多分度值秤的各个局部称量范围。

第三节 电子天平的内校与外校

任何电子天平若不经校准就直接称量，最终的称量结果不一定是准确的。使用前先按使用说明调整电子天平的称量精度，用与准确度相对应的砝码校准准确度不相同的天平。测试时，由于天平长时间未校准，第一次称量的结果往往存在很大的误差。因此，第一次称量时，天平归零只能说明其稳定性良好，称量结果还是与实际精度存在一定差距。电子天平的校准步骤分为内校和外校①。

一、内校步骤

具体步骤如下:①天平先预热2 ~3 h;②将天平调整至天平水平状态;③秤盘上有称量物品时天平显示归零;④按下CAL键,电子天平显示器显示"C",即开始进行内部校准;⑤内校完毕后电子天平会显示零位。如校准过程有误,显示器会显示"Err",显示时间很短,操作员应将天平归零重新内校。

二、电子天平的外校步骤

具体步骤如下:①天平至少预热30 min;②将天平调整至水平状态;③没有称量物品时天平归零;④按下CAL键开启天平的校准功能;⑤天平的显示器上显示出重量值;⑥在天平秤盘上放上符合按精度等级选择的标准砝码。⑦若电子天平的显示值不变说明外校完成,此时取出标准砝码;⑧显示器显示零值,即可开始称量。

校正时,电子天平显示器如果短时间内闪过"Err",说明校准过程有误,操作员应将其归零后重新校准。

需要注意的是,电磁力的大小与磁钢的磁通量φ成正比。流经线圈的电流I与线圈长度L成正比,用天平称量物体时得出的是物体的质量,即质量$m=\varphi IL/g$,而用电子天平称量物体时称量结果就是物体的重量,即$mg=\varphi IL$。因此,用电子天平称量样品质量时,重力加速度和天平本身的精确度会影响称量结果。设$C=\varphi L/g$,则$mg=\varphi IL/g$可以转换为$m=CI$。"C"与天平所处位置的线圈长度、重力加速度和磁通量有关,它的变化与天平所处的位置以及使用环境之间存在密切的联系。假设在某处的天平充分预热后,短时间内"C"为常数,用已知重量的标准砝码校准后,等同于求得C值并进行存储,称量样品时天平自动调用。为确保每次称量的最终结果与实际量值之间的误差最小,如果条件允许,可在每次称量前校准一次。此外,无论天平的位置是否移动,都要定期校准天平的称量精度。如果对精准度要求较高,可重复校准。

三、关于内校和外校的其他观点

除以上两个步骤外,有学者认为质量越大的物体(但不超出天平的承

①周慧芬. 电子天平的使用校验及维护[J]. 科技风,2017(02):68.

重能力)对天平的损害越大。这种观点其实是没有科学依据的。一般衡器的最大安全载荷是在其承受范围内的、不会永久改变其计量性能。电子天平通过其内部的补偿电路产生的电磁力来称量物体,我们在称量时,施加给秤盘的荷载不要超过天平的承重范围就不会损坏天平。称量过程中,将物体放在秤盘上,与物体重力相同的电磁力会使秤盘回复至平衡状态。只要物体的重量不超出天平的承重范围,物体的重量几乎不影响天平的称量效果。此外,手的温度可能会干扰称量的精准度,称量时应尽量避免人为因素的干扰。有的样品具有吸湿性和挥发性,称量时为防止其干扰称量结果,应将其置于密闭容器中称量,或缩短称量时间。因此,要获得准确的称量数据,应当在适宜的环境下,采用正确的称量方式称量,并且要养成良好的操作习惯,注意保持电子天平水平。

第六章 非自行指示秤

第一节 机械杠杆

一、概述

无论是微分标尺天平、普通标尺天平，还是架盘天平、扭力天平，以及快速水分仪等专用天平，从力学的角度来分析，日常所见的各种机械天平都是在若干力的作用下达到或实现一种平衡的一个系统，因此有必要了解力和物体平衡的概念。

根据牛顿定律，力是使物体产生加速度或使物体产生变形的原因，是物体和物体间的相互作用。而物体间的相互作用，可以是在相互接触时发生的，也可以是在相互不接触时发生的吸引或排斥作用。力是矢量(既有大小，也有方向的量)，人们通常把力的作用点、力的方向和力的大小称为力的“三要素”。力的作用点就是物体的着力点；力的方向就是物体在该力作用下，物体所趋向的运动方向；力的大小就是这个力与已知的单位力相互比较而得到的数值；力臂是支点到外力作用线的距离；力矩是力与力臂的乘积，是矢量。一个物体受到外界的力的影响，其原有的平衡状态就会被改变，从而达到新的平衡。物体的平衡是指该物体在力的作用下所实现的平衡，此时，必须做到使作用在物体上的合力为零，合力矩亦为零。

物体的平衡类型可以分为三种，即稳定平衡、不稳定平衡和随遇平衡[①]。稳定平衡是指当物体受到微小扰动后能自动恢复到原来的平衡位置的一种平衡状态；不稳定平衡是指当物体受到微小扰动后不能自动恢复到原来的平衡位置的一种平衡状态；随遇平衡是指当物体受到微小的扰动后，能在任意的位置上继续保持平衡的一种平衡状态。对于一台合格的天平来说，则必须实现稳定平衡。

①李惠生．判别结构平衡状态稳定性的能量准则[J]．教学与科技，1986(01)：22-30.

二、杠杆、杠杆平衡原理及杠杆的分类

(一)杠杆的定义及概念

杠杆是一种在外力的作用下能绕某一固定轴转动的物体。一般来说,这物体可以是直杆,也可以是曲杆或其他形状。杠杆上固定不动的点叫作“支点”,主动力的作用点称为“力点”,被动力(通常是被测重量)的作用点称为“重点”。支点到主动力作用线的距离叫“力臂”,支点到被动力作用线的距离叫“重臂”,力点到支点的距离叫“力支距”,重点到支点的距离叫“重支距”。

(二)杠杆平衡原理

杠杆平衡原理,是指当杠杆平衡时,作用于杠杆上的所有外力对转轴的力矩之和为零。根据这个原理,若天平处于平衡状态时,对于杠杆式天平来说,其支点左边的力矩之和在数值的绝对值上必然等于支点右边的力矩之和,但力矩的矢量方向位于转轴的轴线上。

(三)杠杆的分类

根据支点、重点和力点在杠杆中的位置不同,杠杆可以分成三类:支点位于重点和力点之间的杠杆叫“第一类杠杆”,例如天平或若干秤的横梁;重点位于支点和力点之间的杠杆叫“第二类杠杆”,例如台秤的长、短杠杆;力点位于支点和重点之间的杠杆叫“第三类杠杆”,例如全刀口式架盘天平的辅助杠杆。

如果从杠杆平衡状态的角度来对杠杆进行分类,可以分为水平杠杆和倾斜杠杆。所谓水平杠杆就是指在任何允许的载荷作用下,它都能经常保持水平状态,例如在天平、木杠杆、台秤等手动秤中大量使用就是此类杠杆。所谓倾斜杠杆,就是倾斜角度随着外界载荷变化而变化的杠杆,例如在字盘秤、自动秤中使用就是此类杠杆。

如果从使用杠杆的根数多少来看,杠杆又可分为单一杠杆和组合杠杆(即杠杆系)两大类。一般从使用者角度来看,当采用杠杆平衡原理衡量物体的质量时,总要碰到被测质量所产生的力矩与标准质量所产生的力矩相互平衡的问题。如果要求测量的精度很高,常常采用天平的形式进行衡量;如果要求的精度不太高,常常采用“秤”的形式进行衡量。当被测质量不大时,使用一根杠杆就够了。但是,当被测质量较大时,使用只有一根

杠杆的秤就不适宜了。因为这种秤比较笨重,而且用起来也不方便,所以,在这种情况下,人们往往用由两根、三根或更多的杠杆组成的秤,来测量物体的质量。这种由两根或两根以上的杠杆所组成的传力及称量系统一般叫作杠杆系。在杠杆系中,有一根杠杆叫作横梁(在衡器制造业中常被称为"计量杠杆"),由它来确定天平或秤的平衡。其余的杠杆,有的是用来承受由承重装置传来的荷重的(承重杠杆),有的是用来将荷重与承重杠杆传给横梁的(传力杠杆)。如果按杠杆是否由两个或两个以上的单个杠杆合在一起,形成一个不可变的弹性体来分,杠杆可以分成单体杠杆和合体杠杆两大类。合体杠杆通常起着一根或两根杠杆的作用。

如果把杠杆按照连接方式来分类,还可以分成并联方式、串联方式和混联方式三大类。

人们常把合体杠杆、并联杠杆、串联杠杆及混联杠杆统称为组合杠杆。合体杠杆又可细分为寄合合体杠杆(寓合合体杠杆)、协力合体杠杆(合力合体杠杆)和复合合体杠杆(重复合体杠杆)三类。

两个或两个以上的单体杠杆合成一体后,仍起两个单体杠杆或两个以上单体杠杆的作用,需用两个或两个以上的单独的力来分别平衡的合体杠杆,叫寄合合体杠杆。两个或两个以上的单体杠杆合成一体后起一个杠杆作用,用一个力或两个互相配合的力来平衡,叫协力合体杠杆。由两个或两个以上合体杠杆组合而成的合体杠杆,叫复合体杠杆。

将两个或两个以上的杠杆的相同名称的点(例如力点或重点)连接在一起,叫杠杆的并联(并列连接),这种组合杠杆,叫并联杠杆系(并列杠杆系)。为了防止因被称量物体放置位置不同而造成四角误差,两个并联杠杆的杠杆比必须严格相等。为了设计与制造方便起见,常常将各并联杠杆相应的臂长做成对应相等的。

一般说来,并联杠杆系统大都是由两个或两个以上第二类杠杆连接而成的,当然,采用两个或两个以上的第一类杠杆进行连接的也有。但是,一个第一类杠杆与一个第三类杠杆绝对不能并联。将两个或两个以上的杠杆的不同名称的点(例如力点和重点)连接在一起,叫杠杆的串联(顺联连接或直列连接),这种组合杠杆叫串联杠杆系(顺联杠杆系或直列杠杆系)。

一般说来,串联杠杆系统不能用两个或两个以上的第一类杠杆组成,但一个第一类杠杆和一个或一个以上的第二类杠杆或者两个或两个以上的第二类杠杆都可以组成串联杠杆系统。在串联杠杆系中,最上面的一根杠杆通常是横梁,这也是串联杠杆系的一个特征。

若在组合杠杆中,既有串联方式,又有并联方式,则我们把组合杠杆的这种连接方式叫混联,这种组合杠杆,叫作混联杠杆系(混合连接杠杆系)。混联杠杆系兼有并联杠杆系和串联杠杆系的优点,适合于在既要求有较大的传力比可以衡量较大的质量,又要求有比较宽阔的台面,以放置外形尺寸较大的被测物体的质量计量仪器上使用。

三、机械杠杆式天平的结构

杠杆式双盘天平的结构最低限度必须具备下述五个部件:底板外罩、立柱制动机构、横梁、吊挂系统和读数系统。由上述五大部件就可以构成一台简单的普通标牌的杠杆式双盘天平。在此基础上,用户可根据需要而增设阻尼部件(此时叫阻尼天平),增设机械加码部件(此时叫机械加砝天平,根据加码范围又可区分为半机械加码天平和全机械加码天平),有时还可增设游码标尺部件(此时叫游码天平),或增设链条标尺部件(此时叫链条天平)。一般后面四个部件不会在同一台天平上同时具备。

(一)底板、外罩部

它由底板、水平脚、外罩和防震脚垫所组成。防震脚垫由胶木质的脚垫和防震橡胶塞所组成,用于支承水平脚,并起部分隔震作用。水平脚部件由水平固定脚(只限于小称量的天平才有)和水平调整脚所组成,用于调整底板的水平。底板通常用大理石板制成,根据天平类型,有时也用玻璃板或金属板制成。底板是底板外罩的重要零件,是水平脚和外罩的安装基础,也是底板外罩以外的其他部件的许多零件的安装基础。外罩部件通常用木质或金属材料制成框架,其上装有玻璃。一般情况下左右两侧有门(但全机械加码天平只在右侧有门),正前方有门,前门多为拉门,上下拉的二外罩的作用是使天平的主体与外界尽量隔离,使之不受或少受外界的灰尘、热源、气流、湿度等环境条件的影响。

(二)立柱、制动机构

本部件设置的主要目的在于可靠地完成开关天平和制动横梁的操作。本部件由立柱、拉杆、盖板、土字头、折翼、中刀承、水准器、开关架、开关轴、托盘等零部件组成。

立柱部件由立柱管、立柱头、立柱座三部分组成，相互之间为静配合，通常情况下不可拆卸。要求沿轴线空心且整个部件垂直地固定在底板上表面上。通常，立柱管多用铜合金管制成，立柱座多用铝或生铁制成，立柱头多用铜合金或铝合金制成。

拉杆件是安装在立柱里面的金属杆，下端通过调距螺杆与开关轴相连，上端通过销钉与小折翼相连接，转动开关轴时，就可以使折翼上下运动，完成开关天平和制动横梁的任务。盖板部件是安装在立柱头上的一块铜制板，用于固定小折翼和刀承板。

土字头部件安装在立柱顶端，用于固定中刀承、大折翼和压翼弹簧。折翼部件通过螺钉分别安装在立柱的盖板和刀承板上，与立柱内的拉杆连接，通过开关轴的转动，完成天平的开关和制动横梁的任务。折翼上装有横梁支销和吊耳支销。通常用黏合剂将中刀承固定在土字头的凹槽内，用于支承横梁上的中刀。水准器是用来指示天平的中刀承平面和横梁在制动时(即关天平时)的安装位置是不是处于水平位置的装置。为了保证中刀承平面处于水平面内，必须保证立柱子部的轴线处于铅垂线上。为了保证在天平关闭时的状态下横梁能处于水平位置，必须保证折翼子部左右同高，在横梁支销支承横梁的情况下，两边刀刃在同一水平线上。

本子部结构有两种，一种为水泡式的(6级以上的天平多用此种)，它们常被安装在阻尼器架上或底板上；另一种为吊锤式的(粗糙天平及较粗的老式天平多用此种)，它们常被安装在立柱子部上。开关架子部是安置开关轴的装置，多安装在底板的下表面上。考虑到一个零部件尽可能功能多一些，开关架子部通常同时兼作固定托盘杠杆飞投影屏座电源开关的装置。开关架子部功能较多，是制动机构的基座。开关轴子部是制动机构的主要部件，与拉杆下端的连接杆销孔相连，转动时能使天平开启或关闭。开关轴子部的定位销或定位槽主要用于控制开关轴转动的角度。在开关轴子部向着操作者的一端，可套上开关手柄，转动开关手柄即可开启或关闭天平。托盘部是微托称量盘的部件，用于开启天平过程中尽量减少称量盘的晃动，由托盘杠杆和托盘组成。

托盘杠杆的支轴孔是通过支轴销与开关架子部相连。当开关轴转动时，托盘杠杆随之绕其支轴轴线转动，因而位于托盘杠杆另一端上表面的托盘亦随之做相应地上升或下降运动。托盘是在天平关闭时微托称量盘的一种子部件,由托盘杆、微调杆、微托杆或绒托等零部件组成。要求在天平关闭时,微托杆或绒托能顶住称量盘,当天平开启时,托盘离开称量盘,与开关轴子部做同步运动。

(三)横梁部

横梁部是天平的心脏,该部包括横梁主体,刀子子部、重心铊子部、平衡铊子部等零部件。另外,指针子部作为读数系统部的指示部件通过紧固件紧固在横梁主体上。在进行有关的结构和力学计算时,指针子部必须作为横梁部不可分割的部分参加计算,因此,从结构力学角度,也有人把指针子部直接归入横梁部中。特别是有的天平,重心铊就安装在指针上,指针兼有重心铊螺杆功能,此时指针常常归入横梁部中。

横梁主体是呈左右对称的杠杆本体,常由铝合金或铜铝合金或钛及其合金或非磁性不锈钢制成。在其上可安装刀子子部、重心铊子部、平衡铊子部、指针子部等零部件。刀子部、刀子子部是承受外力并把外力传送给横梁主体的子部件。它由中刀、边刀、中刀座、边刀座和相应定位、调整的有关螺钉组成。中刀及中刀座安装在横梁主体的中央部位,边刀及边刀座安装在横梁主体的左右两端部位。重心铊部是调整天平分度值的子部件,它由重心铊体和重心铊螺杆组成。重心铊体上下移动时,能改变横梁的重心位置。从而达到调整天平分度值的目的。重心铊体有的安装在横梁部上部的重心铊螺杆上,有的安装在横梁部下部的指针上。平衡铊部是调整天平平衡位置的部件,其作用原理是通过改变横梁的水平方向的重心位置,从而达到改变天平平衡位置的目的。该子部由平衡铊体和平衡铊螺杆组成,通常安装在左右两臂上。

(四)吊挂系统部

由吊耳部、弓梁部、称量盘三部分组成。用于承受载荷并把力传递到边刀上去。吊耳部是将外加载荷传递给边刀的一个子部件。机械加码天平的吊耳具有一定的补偿功能,可减少一部分由于载荷在称量盘上的位置不同而带来的误差。弓梁部件是连接吊耳和称量盘的子部件,从力学角度看,弓梁可把作用于称量盘上的力传递给吊耳,因而是传递力的部件。机械加码天平的弓梁,由于有上、下两部分,多对载荷放在称量盘上的不同位置而带来的误差起到一定的补偿作用。称量盘是放置被测物体或砝码的承受载荷的装置,一般呈盘状。

(五)读数系统部

读数系统部是用于指示和读取天平平衡位置的部件,由指针、标牌、光学系统所组成。指针是平衡位置指示部件中的一个子部件,安装在横梁上。对于机械加码天平,指针安装在横梁的下方。指针通常用呈特殊形状的不锈钢或铜合金材料制成。标牌是平衡位置指示部件中的一个子部件。对于普通标牌天平,其标牌安装在立柱下方的正中位置;对于微分标牌天平,其微分标牌安装在指针子部件内,具体来说,微分标牌装在指针体下方的微分标尺架内。光学系统部是指示并精确分辨天平平衡位置的一个系统,该系统作为读数装置(也称读数系统)的部件光学系统,实际上是通过加长光学指针长度或提高读数标尺本身的分辨能力和标尺读数精度的办法来提高天平的灵敏度。光学系统由照明子部、聚光管、物镜、一次反射镜、二次反射镜、投影屏等子部件组成。照明子部由电源插头、交流变压器、本部分电源开关、导线飞灯泡、灯光罩、灯泡座(也叫灯头)、灯泡座定位螺钉等部件或元件所组成。聚光管是将光源的呈放射式的光变成平行光束的一个子部件,其结构是在金属管的两端装有会聚透镜,工厂装好以后,呈整体不可拆结构。

物镜是将读数系统中的微分标尺部件的微分标尺放大10~25倍的子部件。一次反射镜,固定在投影屏座的下方,其作用是将微分标尺的影像投影到二次反射镜上,一次反射镜子部的作用在于增加光程。二次反射镜单独安装在底板的上表面上,该子部可以沿光程方向微调,用于接收一次反射镜的光线,并将其反射到投影屏子部的投影屏上,二次反射镜子部的作用也在于增加光程。投影屏子部单独安装在底板的上表面上。该子部主要由投影屏、飞投影屏座等若干零部件组成。其中,投影屏起着像平面镜的作用,可以把经过放大后的微分标尺的影像显示出来。不同天平厂家设计的结构不同,有的厂家把天平的零点微调杆装在投影屏座下方,有的厂家把天平的零点微调杆另外单独放在天平底板的下方,此时微调杆的铅垂轴线的上方,在底板的上方且在通过微分标尺和一次反射镜的光路上设置一平行棱镜,通过拨动微调杆而转动棱镜,从而改变光线位置,达到微调的目的。

(六)阻尼部

阻尼部是利用介质的运动黏滞力造成的摩擦阻力消耗天平横梁的摆动能量,从而使天平横梁达到尽快停止在平衡位置附近的一种装置。机械加码天平是采用空气阻尼方式进行阻尼的,其结构由阻尼器架、上阻尼筒和下阻尼筒等子部件所组成。

阻尼器架安装在立柱体上,其左右两侧分别装有下阻尼筒。筒口的开口方向向上,下面的螺钉可以微调下阻尼筒位置,使上阻尼筒在悬挂时正好处于同轴位置。下阻尼筒安装在阻尼器架的左右两侧的上表面上,开口方向向上。上阻尼筒通过吊耳的吊钩悬挂在下阻尼筒的开口的空间内,要求上阻尼筒的轴线与下阻尼筒的轴线同轴,左右两上阻尼筒在零位时同高,且高出下阻尼筒上缘的高度一致。

(七)机械加码部

机械加码部是在不开天平门的情况下取放内藏砝码的一种装置,目的是减少外界气流的影响,节约取放砝码的时间,提高测量精度和衡量速度。机械加码部由加码杆、加码头、加码钩、挂码架、挂砝码、凸轮、凹轮定位圈、操纵杆内杆、操纵杆外管、支架、大指数盘、小指数盘、十等分定位轮、间隔挡板、加码罩等零部件组成。

机械加码装置分为半机械加码装置和全机械加码装置两种。半机械加码装置只把相应的毫克组砝码加到天平上,挂砝码呈圆形。对于半机械加码天平,大于或等于1g的砝码需要操作人员打开天平门自己进行取放而不能通过机械加码装置取放。全机械加码装置可以通过机械加码装置取放天平最大称量内的所有砝码,因此,对于工作用天平来说,使用全机械加码装置比使用半机械加码装置更方便些,这也就是为什么全机械加码的工作用天平比较受用户欢迎。对于具有机械加码装置的天平,要求在具有机械加码装置的同一侧的吊挂系统部中配置相应的挂码架,以便在工作需要时,通过机械加码装置把挂砝码加放到挂码架上,或者从挂码架上把挂砝码取下来。全机械加码天平的克组及其以上的挂砝码不采用毫克组挂码形状,具体形状视厂家不同而异。对我国的200 g全机械加码杠杆式双盘天平来说,其克组砝码常制成开口向下的M形。机械加码机构的操作应轻便灵活,转动自如,落位准确,加码指数盘所指的示值应与所加放的挂砝码的示值总和相协调一致。

(八)游码标尺部

游码标尺部是在不开天平门的情况下将骑在游码标尺上或骑在横梁上的游码提起,沿游码标尺方向移动,并放在相应的位置上的装置。目的也是减少外界气流和温湿度影响,节约取放砝码的时间,避免使用质量值更小的砝码,提高衡量速度。游码标尺部主要由游码、游码标尺和游码操纵架子部所组成。游码是一种有特殊形状的砝码,它可以骑在游码标尺上,并通过游码杆自如地从游码标尺上提起、移动或放下。

游码标尺子都有两种结构形式,一种是直接刻在横梁的上沿上,这是最简单的结构;另一种是由单独的游码标尺、标尺定位螺钉等组成的子部件。其中,游码标尺的轴线应与横梁主平面平行且平行于二边刀连线。游码操纵架子部由游码操纵杆、导向架、游码钩、定位器等零部件组成,对于小天平、游码操纵架子部还配备有放大镜。通常,游码杆必须位于游码标尺的上方,并且与游码标尺相平行。对游码标尺部件的要求是移动轻便灵活,定位准确可靠,运行安全平稳。

(九)链条标尺部

链条标尺部件是通过改变链条悬垂线的长度实现对天平的平衡控制的一种装置,其实质上相当于在具有链条的一侧的称量盘上加放或减少一定数量的砝码,从而可由链条标尺上求出相应的被平衡的质量值。链条标尺部由链条子部、横梁链条定位架部件和链条的读数标尺部件所组成。链条部分一般由链条头挂环、链条体和链条尾挂钩组成。横梁链条定位架子部一般由链条定位杆、定位杆紧定螺钉等零件组成。链条子部的链条头挂环挂在链条定位杆的V形圆环内。链条的读数标尺子部一般由标尺、标尺指针、链条桩等零部件组成。链条尾挂钩挂在链条桩头上。

第二节 案秤、台秤的检定

一、案秤的结构

案秤因最大秤量一般不超过20 kg,多数在柜台或案板上使用而得名。

机械杠杆式案秤具有结构简单、体积小、重量轻、易于搬动和使用方便的特点，是衡器中一种比较轻的秤，深受各行各业的欢迎，特别是在商业流通领域中占有重要地位。机械杠杆式案秤的种类很多，有杠杆增铊式案秤、度盘式案秤及度盘与砝码并用式案秤等。

AGT案秤由承重装置、杠杆系统、读数装置和秤体4个部分组成。AGT案秤的杠杆采用第一类杠杆形式，由计量杠杆和刀架组成，刀架上装有两个重点刀和两个支点刀，计量杠杆一端和刀架相连，另一端装有一个力点刀，其上装有标尺和游铊。两个支点刀用来将计量杠杆支持在秤体上的叉形支点架上，以防止计量杠杆倾翻。两个重点刀则用来安放承重架，并防止承重架的倾翻。支点架上装有两个V形刀承和两个挡刀板以支持支点刀并限制支点刀在沿刀刃线方向的移动。在承重架下方两个承重座内各装有刀承和挡刀板。承重架的上面则固定着或放着可随时取下的承重盘，为了防止在计量杠杆摆动时或被称量物体没有放置在承重盘的中心而造成承重盘左右倾翻，在承重架的中心下方装有连杆。计量杠杆力臂两侧装有或刻有双面刻度标尺，其上装着游铊，游铊在计量杠杆上的位置可以用手来回移动，在力点刀上套挂着吊耳，其上悬挂着增铊盘，用于称量时加放增铊。在刀架的后端装有平衡调整铊，用于调整空秤时的平衡位置。

在案秤连杆的下端有一方孔，方孔的下缘制成刀刃形状，孔内装有两端制成半圆环状的拉板的一端，拉板的另一端则装在调整板上。调整板固定在秤体上，其下端有与连杆下端方孔构造相同的方孔。连杆、拉板与调整板共同构成防止承重盘左右倾翻的辅助杠杆稳定装置。

在秤体上还装有示准器，其上端制成的方孔用于限制计量杠杆的摆动范围，同时在称量时便于目测计量杠杆的平衡位置。其后端还制成增铊架，用于不称量时或称量时未用到的增铊的放置。

二、台秤的结构

最大秤量在50 kg以上、2 000 kg以下的可移动式的机械杠杆秤叫台秤。机械杠杆式台秤的形式很多，有标尺式、杠杆增铊式、指针度盘式、机械数字式等，其中以杠杆增铊式最多。TCT型杠杆增铊式台秤是我国标准型台秤，其生产历史最为悠久，广泛应用于工业、农业、商业、交通运输、贸易、国防、科研等部门，它以结构简单、计量准确、价格低廉、经久耐用等优点赢得了广大用户和消费者的信赖。

TGT台秤是由承重装置、杠杆系统、计量读数装置和秤体四部分组成的。

承重装置由承重板、承重脚和刀承组成，它是支撑被称量物体重力并将重力传递给承重杠杆的装置。TGT型台秤的承重装置是一块矩形的铸铁板。承重板体与四个承重脚铸成一体，各脚上分别装有V形重点刀承，重点刀承的V形工作面对应着放置在长、短杠杆的两组四个重点刀的刀刃上。承重装置的作用是放置被称量物体，并将其重力传递给长、短杠杆，并保护长、短杠杆不受直接外力的冲击。

杠杆系统由长杠杆、短杠杆和连接环等组成①。长杠杆、短杠杆又称承重杠杆，它们是杠杆系中最靠近承重装置的杠杆，也是最先承接被称物体重力的杠杆。长杠杆为复式合体杠杆，属第二类杠杆。长杠杆体上有两个支点、三个重点和一个力点，用铸铁制成，呈Y字形，其断面制成凸字形矩形。长杠杆的力点端通常制成可以调整的，以便对杠杆进行较大幅度的调整。短杠杆为合力合体杠杆，也属于第二类杠杆。短杠杆体上有两个支点、两个重点和一个力点，用铸铁制成，呈V字形。连接环用于短杠杆力点端和长杠杆合成重点相连接。连接环上有一个重点刀承和一个力点刀承，刀承能在连接环上少量移动，以保证与刀子有良好的接触。

读数装置是由计量杠杆和游砣、增砣、增砣盘等组成的。计量杠杆的杠杆体是由碳素钢制造的，在杠杆体上装有刻度片、支点刀、重点刀、力点刀、游砣、减摩片和调整砣。计量杠杆的示值读数装置通过操作标尺上的游砣与增砣来平衡被称物体重量并指示出质量值，与承重杠杆一起构成台秤的总臂比，是杠杆系的终端，通过增砣的标称值和游砣在标尺上的位置表示出质量值；表现台秤的计量性能，台秤的稳定性、灵敏性、重复性和准确性都是通过计量杠杆反映出来的；通过计量杠杆尾部的平衡调整砣来调整空秤的平衡。

秤体装置是由秤体、连接钩和支点环组成的。TGT台秤的秤体是确定杠杆系位置，上挂下联，形成一个合理布局、操作方便的整体造型的骨架装置。秤体由铸铁制成，长方形框架结构，上面有立柱和顶板。底座内侧

①郎元．台秤的工作原理及检定[J]．黑龙江科技信息，2015(32)：38.

的四个角上,装有安装承重杠杆支点环用的支点销。秤体的底座、立柱、顶板、挂杆及示准器,均用螺栓、螺钉连接,装配工艺合理方便,便于维护与检修。

三、案秤的检定

案秤依据JJG14-2016《非自动指示秤检定规程》进行检定。为便于计量检定,特引用计量管理中几个术语。检定是为评定秤的计量性能,确定其是否符合法定要求所进行的全部工作。首次检定是对从未检定过的秤所进行的检定。它包括新制造、新安装秤的检定,进口秤的检定。随后检定是首次检定后的检定。它包括周期检定、修理后检定、新投入使用强制检定的秤使用前申请的检定、周期检定有效期未到前的检定,该检定通常是根据被检单位或使用者的要求进行的。使用中检验是检验使用中的秤是否符合计量检定规程的要求,是否处于良好的工作状态,使用是否正确、可靠。通常使用中检验是一种监督性检验。

(一)技术要求

由于JJG 14-2016《非自动指示秤检定规程》是多种秤的检定规程,因此对案秤的要求不太具体。本节依据JJG 14-2016《非自动指示秤检定规程》提出具体要求。

1.规定

AGT案秤必须根据国家标准及有关技术文件制造。

2.标志

(1)说明标志

在秤的明显处应有下列标志。①强制必备标志:制造厂的名称和商标;准确度等级,中准确度级符号,普通准确度级符号;最大秤量,最小秤量;检定分度值;制造许可证标志和编号;臂比。②必要时可备标志:出厂编号;型式批准标志和编号。③附加标志:根据秤的特殊要求,可增加附加标志。例如不用于贸易结算;专用于说明标志应牢固可靠,其字迹大小和形状必须清楚、易读。这些标志应集中在明显易见的地方,称量结果附近,或者固定于秤的一块铭牌上或在秤的一个部位上。标志的铭牌应加封,不破坏铭牌无法将其拆下。

(2)检定标志

检定标志的位置要求:①不破坏标志就无法将其拆下;②标志容易固定;③在使用中,不移动秤就可看见标志。采用自粘型检定标志,应保证标志持久保存,并留出固定位置,位置的直径至少为25 mm。

3.计量杠杆

①计量杠杆不应由于调整臂比或重心将其弯曲;②杠杆上的支、重、力点刀刃应互相平行,而且垂直于计量杠杆的中心线,两个相同作用的刀刃应在一直线上;③计量杠杆在示准器内应垂直摆动。

4.刀子和刀承

①刀子的角度范围为60°~90°,刀刃应平直,杠杆只能与刀子装配在一起,不应焊接或胶接。②V形刀承的夹角应不小于120°,角顶应磨圆,表面光洁平滑。刀承应禁止焊接到支承物或固定支架上,它在支承物或固定支架上应能活动自如,且防止脱落。③刀子与刀承工作面应成一直线并紧密接触,其不接触部分的总长不应超过刀承工作面全长的1/3,两端不应有缝隙。④刀刃在刀承上沿刀刃轴线方向滑动的距离不应大于2 mm。

5.刀子与挡刀板

挡刀板是一个平面,它应限制刀子的纵向活动,刀子与挡刀板接触时应为一点接触,该点应与刀刃旋转轴相重合。

6.硬度

①刀子、减摩件、连杆的工作部位硬度为HRC 58-62。②刀承、挡刀板的工作部位硬度为HRC 62-66。

7.标尺分度

①标尺分度线应清晰、等分,并垂直于标尺的边长;②分度线的宽度应恒定,不应大于0.8 mm,两相邻分度线的中心距离不应小于2 mm,以保证间距尺寸公差不使示值超过的0.2e误差;③主分度线应标记量值;④两面分度的标尺、分度线必须相应对正,其差异不应大于分度线宽度的1/2。

8.游铊

①游铊在计量杠杆上应能移动自如,必须施加一定的力,才能使游铊在标尺上移动。②当游铊处于标尺的零位或任一位置时,用作指示量值的边缘应与标尺两边零点分度线或任一量值刻度线相重合,其差异不应大于

分度线宽度的1/2。③游铊的质量确定后，调试时不应改变游铊的质量。游铊在标尺上不用工具不能打开或取下。④游铊上不得有凹陷，以免存积外物。

9.平衡调整铊

调整平衡用的调整铊，在调整螺杆上不应自行移动，调整螺杆应与计量杠杆的边长平行。其调整范围不应小于2*e*。

10.增铊

①在增铊的正面应清楚、永久地标志秤的臂比和秤量。②增铊的调整腔用铅、铝或铜填充并固封，表面应涂防锈漆，漆层应牢固，不易脱落。

11.零部件

案秤的零部件应进行防锈处理。铸件表面应光洁，不应有毛刺、裂纹、砂眼、气孔、冷隔等影响强度的缺陷。刀刃、挡刀板和刀承以及其他起刀承作用的零件，其工作部位不应涂防锈油脂、油漆等。

12.最大允差

案秤的允许误差用检定分度值表示，检定分度值*e*与实际分度值*d*相等，即*e*=*d*。案秤最大允许误差表如表6-1所示。

表6-1 案秤最大允许误差表

载荷*m*（以检定分度值*e*表示）		最大允许误差（mpe）	
中准确度级	普通准确度级	首次检定	使用中检验
0≤*m*≤500	0≤*m*≤50	±0.5*e*	±1.0*e*
500<*m*≤2000	50<*m*≤200	±1.0*e*	±2.0*e*
2000<*m*≤10000	200<*m*≤10 000	±1.5*e*	±3.0*e*

（二）计量性能的检定

1.检定前的准备工作

为了使检定工作顺利进行，检定前应做好充分准备。

检定设备应符合检定规程要求，检定用的标准砝码误差应不大于相应秤量最大允许误差的1/3。案秤计量性能检定时应具备：①与被检案秤最大秤量相对应的M级砝码；②与被检案秤相对应的相当于M级砝码的标准增铊；③测量允差用的M级克组砝码；④稳固的检定平台。

有关技术文件和检定印鉴检定：①JJG 14-2016《非自动指示秤检定规程》文本；②案秤计量性能检定记录表；③检定证书（空白）；④检定结果通知书（空白）；⑤检定印鉴（钢印）。

合格的检定人员：从事具体计量检定工作的人员必须持有该项目的检定员证书。

检定环境应符合检定规程要求：案秤的检定通常是在常温下进行，即 - 10 ~ +40 ℃的范围内；湿度对秤的计量性能影响较大，特别是对检定标准器砝码的影响，因此案秤一般应在室内比较干燥的场所进行，并应避免空气锤、冲床及汽车行驶等震动的干扰。

2. 首次检定

在计量性能检定前，一般要按技术要求进行外观检查。检查各刀子、挡刀板有无松动、脱落；刀承、游铊的固定螺丝、拉板有无脱落；标尺刻度是否清晰；平衡调整铊是否自行移动；秤上应有的标志是否齐全等。然后将案秤置于稳固的平台上。首次检定具体操作如下。

(1)零点测试

零点测试的目的是检查空秤零位变动性，也就是检查，案秤在无载荷状态下，当杠杆与其接触的零部件发生相对位移后，对零点所产生的影响，同时判断案秤是否处于稳定平衡状态。

调整空秤平衡测试将游铊置于零点分度线，用平衡调整铊将计量杠杆调整平衡。计量杠杆的平衡是指计量杠杆在示准器内做上下均匀摆动时，其摆幅在第一个周期内，距示准器上下边缘的距离不大于1 mm，计量杠杆即处于平衡状态。

计量杠杆横向推拉测试：将计量杠杆的力点端横向推向示准器的任一极边位置，然后再移至另一极边位置后迅速放手，计量杠杆应能自动回到原来的位置或偏离示准器中线不大于5 mm的位置。该项目测试时应注意将计量杠杆力点端移至极边位置迅速放手，此时增铊不要摆动，以免影响计量杠杆的自动恢复能力。这一规定是为了限制计量杠杆的偏摆，防止称量时计量杠杆靠擦在示准器的边框上造成失误。

标尺拉边测试：将杠杆的支、重、力点刀分别沿其刀承的纵向平稳匀速地（不要用力过猛）移至一极边位置，使刀尖与挡刀板紧密接触，然后再移至另一极边位置。每次移动后，计量杠杆仍能保持平衡（力点处是角尖与吊环接触）。

（2）称量测试

零点测试后，在称量测试前允许用平衡调整铊调整零点平衡状态。称量测试按秤量由小到大的顺序连续地进行，在称量测试开始以后直到回零测试为止，这中间不允许再调整零点。下列秤量必须测试：①最小秤量；②标尺的最大秤量；③最大允许误差改变的秤量，如中准确度级500e，2000e，普通准确度级50e，200e；④最大秤量。

测试时，在承重盘上按相应秤量点加放相应的砝码（均匀分布不要堆积），同时在增铊盘上加放相应的秤量示值的增铊（对于最小秤量和标尺的最大秤量，可移动游铊到相应称量的位置），此时秤应平衡；若不平衡，在承重盘上加放或减去不大于相应的允许误差绝对值的砝码，秤应平衡。为能在承重盘上减去砝码，可在调整空秤平衡时，在承重盘上加放一些小砝码，再将秤调整平衡。也可在增铊盘上加放砝码，但应注意臂比及换算。

（3）偏载测试

偏载测试的目的是检验在承重盘上的任一位置称量同一物体，其称量结果是否具有一致性。偏载测试中使用质量大的砝码要比使用许多小砝码的组合效果好。若使用单一砝码，应放在区域中心位置；若使用小砝码组合，应均匀地分布在整个区域，避免不必要的叠放，也不可超出界线。偏载测试可在称量过程中进行。将游铊移至零点分度线，在承重盘依次加放约1/3最大秤量的砝码，同时在增铊盘上加放相应示值的增铊，此时秤应平衡；若不平衡，其误差应不大于相应允许误差的绝对值。

（4）灵敏度测试

灵敏度测试是在称量测试过程中进行的。在标尺最大量值和最大秤量时各测试一次。在称量测试过程中，当秤在标尺最大量值和最大秤量平衡的条件下，在承重盘上轻缓地加放或取下约等于相应允许误差绝对值的砝码，秤应平衡，即为合格。

（5）回零测试

最大秤量测试后，卸下全部砝码和增铊，秤应平衡；若不平衡，在承重盘加放或减去不大于相应允许误差的砝码，秤应平衡，即为合格。

(6)重复性测试

这是一个独立的项目,应单独进行检定。对同一秤量至少重复测试三次,每次测试前,应将秤调至零点位置。重复性测试分别在约50%最大秤量和接近最大秤量处进行。对于同一秤量,任意两次的差值不应大于该秤量最大允许误差的绝对值,即为合格。

3.后续计量管理

(1)随后检定

随后检定应按照首次检定的要求进行检查与测试。其中,零点测试不进行"零点测试"中的"标尺拉边"测试。称量测试可根据实际使用情况,不测试至最大秤量,但至少测试至2/3最大秤量,且应在检定证书中标明:重复性测试,只进行约50%最大秤量的测试。随后检定的最大允许误差执行首次检定的规定。

(2)使用中检验

使用中检验按随后检定的规定进行,其最大允许误差为首次检定最大允许误差的两倍。

4.增铊的检定

如果案秤的计量性能符合要求,而其使用的增铊不符合计量规程的要求,那么,利用这台案秤得到的称量结果就必然超差。因此,在对案秤计量性能检定后,还要对其使用的增铊进行检定。只有秤和与之配套的增铊的计量性能都符合要求,这台案秤才算合格。

(三)检定记录

检定记录是检定中的法定性文件,是检定的原始资料,是评定计量器具的计量性能是否合格的主要依据。因此,做好检定记录是检定工作中十分重要的一项工作。在检定过程中必须严格按照检定规程的要求,详细做好检定记录,特别是对各检定项目的具体数据更应仔细记录。

案秤检定记录通常包括:①送检单位或使用单位的名称、部门;②受检案秤的产品名称、规格型号、制造厂名、准确度等级、最大秤量、最小秤量、检定分度值等;③检定项目中的检定结果,即零点测试、称量测试、偏载测试、灵敏度、重复性、增铊检定;④依据检定记录的实测数据与检定规程中各检定项目的具体要求一一对照进行分析,对检定结果作出合格或不合格的结论;⑤测试人员和审核人员签字及提交日期和测试日期;⑥根据检定结论,合格的填写检定证书或检定合格证,并确定有效期限,不合格的填写检定通知书。检定记录一般至少保存两个检定周期,以便查考。

(四)检定结果的处理和检定周期

首次检定和随后检定合格的案秤,应出具检定证书,加盖检定合格印或粘贴合格证,并注明施行首次检定和随后检定的日期以及随后检定的有效期,以证明该秤的计量性能合格。使用中检验合格的案秤,其原检定证书仍保持不变。

在检定规程中,这是一项带有计量管理性质的内容,它是检定工作的终结。对于制造、销售、修理衡器的单位来说,检定证书是确定该秤符合标准要求可以出厂、销售或交用户使用的凭证;对于使用单位来说,检定证书是依法使用的依据;对于在处理因衡器准确度所引起的纠纷时,计量检定证书又是调解、仲裁或法院判决计量纠纷时的法律依据。所以说,计量检定证书是计量机构出具的证明计量器具的性能是否合格的并具有权威性和法制性的一种标志。首次检定和随后检定不合格的秤,发给检定结果通知书,不准出厂、销售和使用。使用中检验不合格的秤,不准使用。案秤的检定周期最长为1年。

四、台秤的检定

台秤的检定同案秤一样执行JJG 14-2016《非自行指示秤检定规程》。其技术要求、性能检定及后续计量管理与案秤大体相同。

在零点测试前对有轮子的台秤,将秤推移一定的距离,然后置于水平地面或平台上,秤的四轮应着地(对无轮子的台秤,其四脚应着实),承重板、连接件应接触正常。具有水平装置的秤,将秤调至水平状态。

在零点测试中除案秤的要求外,还要进行承重板拉边测试。将计量杠杆恢复到原来的位置,然后将台秤的承重板沿重点刀纵向重拉轻放,左右各一次。每次拉动后,计量杠杆仍能保持平衡。

灵敏度测试:台秤同案秤的要求不同,做法一致。计量杠杆力点端所改变的静止距离应对于最大秤量E_{max}≤100 kg的秤至少为3 mm;对于最大秤量E_{max}>100 kg的秤为5 mm。

检定记录:台秤与案秤同属非自动指示秤,其检定规程是一样的,检定记录也大体相同。

第三节 案秤、台秤的维修

一、案秤的使用和维修

检定合格的秤，如果使用方法不正确，也不能得到准确可靠的称量结果。因此说，正确的使用方法是称量过程中的一个重要因素。这里说的正确使用是符合规范的使用方法。

案秤的正确使用主要应注意以下几点：①秤上有明显的合格印记并在有效期内，秤上零部件完好无损，增铊配套齐备，封盖完好，有检定印记；②使用时，应将秤放在稳固坚实的平台上，秤体底座的三个支点应全部落实，秤体不得有明显的倾斜；③称量前要估算一下被称量的物体是否超过本秤最大秤量，不要将超重的物体放在秤上称量，以免压坏秤件；④放置被称量物体时，要注意小心轻放，不要冲击碰撞承重盘，并尽可能将物体放在承重盘中央位置；⑤游铊指示边应与标尺分度线平行，读数时注意对正分度线，预置游铊时，游铊指示边应对准相应示值分度线；⑥连续使用的秤，要经常校对零点，保持增铊、增铊盘、承重盘上的清洁，及时清除称量中的撒落物；⑦不同臂比的增铊在互换使用时应注意换算。即使臂比相同，其增铊盘也不能互换使用；⑧秤的使用范围为最小秤量至最大秤量，要注意小于最小秤量不宜使用，超过最大秤量禁止使用；⑨经常做好案秤的清洁工作，不准在刀子、刀承工作面上涂油，称过腐蚀性物质后要及时擦拭干净。

应有专人负责管理、使用、定期检查校对，保证案秤处于完好合格状态。发现故障、损坏或有不正常状态时，应立即停止使用。常见故障及维修方法包括以下几个方面。

（一）计量杠杆摆幅小

故障产生原因：①秤摆放不水平；②刀承、刀子被腐蚀或有异物；③示准器有磁性或计量杠杆力点端有磁性；④刀尖与挡刀板摩擦阻力大；⑤支点刀与重点刀不平行；⑥连杆、拉板等部件松动窜位。

排除方法如下。①将秤重新垫平，案秤的安放很重要，是正确使用的重要部分。案秤是三点着地,不会有一点不着地现象,就是放在不水平的地方也是如此[①]。因此要求安放前一定要目测秤是否水平。②将挡刀板拆下,清除锈垢或异物。用砂布把刀子、刀承磨亮,尤其是刀承的光洁度非常重要。③计量杠杆在机加工过程中容易产生磁性,有的时候示准器也出现磁性。遇到这种情况最好是用退磁机退磁。无条件时,示准器可用火烧退磁,要自然冷却后涂漆再用。不能放到水里冷却,避免损坏示准器。④刀尖与挡刀板摩擦阻力大,一般是由于刀尖钝,或挡刀板光洁度低造成的。只要把刀尖磨锐利,或把挡刀板与刀尖接触处磨光,该故障就会排除。磨刀尖的时候注意千万不能碰着刀刃,只能磨刀背,使刀尖变得锐利光滑,如果碰着刀刃,就会使这个故障非但不能排除而且变大。⑤支点刀与重点刀不平行有两个原因,一是刀孔不正,二是刀刃不平行于轴线。如果是前者,就得换计量杠杆;如果是后者,可换合格的刀子。⑥一般情况下连杆、拉板松动窜位都能造成摆幅不好。发现窜位,不能只固紧,还必须经检定才能使用,不然容易出现较大误差。

(二)做推刀试验时,计量杠杆不摆动或衰减快

故障产生原因:①楔形刀尖崩缺磨秃;②挡刀板被刀尖钻出凹痕来;③刀架与支架,刀架与承重架间有毛刺或碰撞。

排除方法:针对不同的毛病,可用砂轮打磨或更换新的零件,重新安装调修。

(三)计量杠杆偏靠一边

故障产生原因:①示准器或支架安装偏斜;②计量杠杆弯曲变形。

排除方法:应检查安装质量是否符合要求,重新安装、修整计量杠杆。

(四)计量杠杆不起摆,在原平衡位置颤动

故障产生原因:支、重点刀子工作部分太长,挡刀板拧紧后刀尖被挡刀板工作面卡死,或刀根卡在刀承上。

排除方法:如果支、重点刀子工作部分太长,可采取磨短或更换短一些的刀子;如刀架装刀孔太小,使刀子装不进去,可使用相应尺寸的锥形绞刀把孔绞大一些,然后把四把刀子敲紧,并达到平行、垂直、相等。

---

①邹濛. 案秤的安装调试和故障排除[J]. 黑龙江科技信息,2012(30):24.

二、台秤的使用和维修

正确使用台秤，不但可以得到准确可靠的称量结果，而且还能保持台秤的计量性能的稳定性，延长使用寿命。台秤的正确使用主要应注意以下几点：①使用前，将台秤放置平稳，落实在一个坚实且平坦的地面上，四轮(脚)同时着地，秤体不能倾斜；②使用具有检定合格标志的秤，并在有效期检定周期内使用；③秤上零部件应完好无损，增铊配套齐全，封盖完好并有检定印证，游铊移动自如；④连续称量时，要经常注意秤的零点状态，每称量10~20次要调整一次零点；⑤游铊指示边应与标尺分度线平行，读数时，应注意对正分度线，预置游铊时，游铊指示边应对准相应示值分度线。；⑥放置被称物体时，应注意轻放且尽量放在承重板的中央位置，不要靠碰立柱；⑦不要超出秤的最大秤量使用，也不要称量小于最小秤量的物体；⑧经常做好台秤的清洁工作，妥善保管，不准在刀子、刀承工作面上涂油，不要置于腐蚀、潮湿和露天场所；⑨建立、健全秤的使用保管制度，以保证操作质量。

常见故障及维修方法包括以下几个方面。

(一)计量杠杆不摆动

故障产生原因：①平衡调整铊未调整好；②计量杠杆刀系配置不当；③系统阻滞过大，示准器下部有黏性物质或磁性；④承重板及其他零件错位。

排除方法如下。①空秤时计量杠杆不平衡，可用平衡调整铊调整。如计量杠杆上翘，将平衡调整铊朝支点刀方向旋转；如计量杠杆下垂，应将平衡调整铊逆支点刀方向旋转，直到计量杠杆在示准器内均匀摆动或在示准器内呈水平平衡。②调整刀系，使之配置正确合理。③清洗有关零部件，如有磁性可将计量杠杆卸下，把力点端零件卸下，用退磁机退磁。④将错位的零件归位。

(二)计量杠杆在平衡位置上颤动

故障产生原因：①在立柱筒内有异物阻碍连杆上下运动，或立柱筒毛刺、清砂不净；②减摩片过长，卡在刀承上，或硬度不够，或触尖太尖；③连杆挂钩不垂直；④销钉没敲紧，与承重板接触；⑤长、短承重杠杆支点刀外露太长，承重板刀承卡在刀根的减摩片上。

排除方法:①清除立柱筒内异物和毛刺等;②将减摩片打下,磨短或更换新减摩片;③拆下连杆调整挂钩,重新装配;④敲紧销钉;⑤将支点刀过长的工作部分磨短,或更换短一些的刀子。

(三)计量杠杆摆动时走不到底

故障产生原因:①台秤零件之间有非正常的靠擦,如计量杠杆的支点刀减摩片和刀承之间产生摩阻;②刀刃与刀承的接触不是线接触而成面接触;③计量杠杆支、重点刀承起槽,刀子与刀承产生较大的滑动摩擦;④计量杠杆上的减摩片磨损、松动、遗失或安装不正;⑤计量杠杆支点刀刃有毛刺,光洁度差;⑥台秤灵敏度过高;⑦连杆过长;⑧连杆下钩刀承与承重杠杆合成力点刀刃成面接触。

排除方法:①检查零件之间的工作状态,找出摩阻因素进行排除;②重新磨削刀子的夹面,使刀子与刀承由面接触变成线接触;③更换新刀承;④更换减摩片,安装减摩片时两端外露的距离应一样长,并紧固不得松动,减摩片与刀刃之间不得有间隙;⑤用油石将有毛刺的刀和减摩片打光;⑥调整秤的灵敏度;⑦调整连杆长度或更换合适的连杆;⑧承重杠杆合成力点刀偏歪,重新调整安装。

(四)计量杠杆摆幅衰减快

故障产生原因:①系统阻滞过大;②刀刃夹角不符合技术要求;③计量杠杆减摩片或长、短,承重杠杆支、重点刀刀根减摩片功能失效;④秤座四角吊环和销钉连接处磨损或因挤压而发毛,活动不自如。

排除方法:①清洗有关零部件,清除阻尼;②修磨刀子的夹角,或更换新刀子;③把减摩片或四角支、重点刀子取下修磨后重新安装,或更换减摩片或刀子;④锉去吊环发毛的毛边,修复或更换吊环和销子。

(五)计量杠杆偏靠一边

故障产生原因:①顶板螺丝松动致使支点挂钩偏斜;②立柱歪斜;③连杆的上钩和下钩不垂直;④支点吊环与挂钩配合太松;⑤示准器初装不正;⑥计量杠杆弯曲变形。

排除方法:①校正挂钩紧固顶板;②松开立柱紧固螺钉,调整立柱垂直后才紧固回来;③调整连杆上下钩成为直角;④更换挂钩;⑤可松开示准器紧固螺钉,重新调整示准器位置;⑥卸下计量杠杆矫正后,重新安装。

第七章 数字指示秤

第一节 数字指示秤的结构和工作原理

一、基础概念

通俗来说，数字指示秤就是测定物体质量的一种工具，其设计原理主要运用了胡克定律等，之后再结合承重系统、传力系统与示值系统等设备组合而成的度量器具，通常包括电子案秤、电子台秤、电子吊秤和固定式电子秤。数字指示秤在当前社会中的应用十分普遍，尤其是在工业、科研、商业等行业中有着非常重要的作用[①]。

二、重要意义

其一，保证企业实现综合效益。数字指示秤在各行各业中的应用已经非常广泛，加强数字指示秤计量检定，能够保证计量的准确性，可以有效提高企业的综合效益。其二，维护市场交易的正常进行。在当前经济全球化发展的背景下，商品交易更加频繁，加强数字指示秤计量检定可以有效提高数字指示秤的准确度，保证商品交易的公平性，同时也能避免不良商贩缺斤短两的行为发生，促进交易市场的健康发展。

三、工作原理

数字指示秤工作原理，是依托称重传感器精确测量载荷重量，输出的载荷信号经A/D转换并经单片计算机进行处理后，其称量值由显示器显示，单片机根据程序，输出驱动信号，使机械装置动作。另外，仪器内置的单片机还与上级计算机进行通信，把采集的数据传送给上级计算机，并且上级计算机可以控制该仪器。按照国际法制计量组织（Organisation Inter-

①任华苗．数字指示秤计量检定中的技术问题与措施研究［J］．仪器仪表标准化与计量，2021（03）：47-48.

nationale de Métrologie Légale简称OIML)建议,将数字指示秤定义为无人操作状态下可以自行指示的秤,结合其功能特征,主要包括计数秤、计价秤及计重秤等。数字指示秤通常具有较高的准确度,由于数据显示较为直观,具备方便使用等优点。得益于电子科技的快速发展,目前在工业生产过程中,多项称重技术都必须借助数字指示秤来完成。在此基础上,对数字指示秤进行科学合理的检定至关重要,以往的检定过程常会出现不符合规范的情况,为了改善这一状况,就应当具备专业技术能力,做到精准调试和科学检定。同时,日常使用阶段为了尽可能保证数字指示秤的精准性,需进行定期维护保养。下面从数字指示秤的检定与维修保养出发,阐述了检定操作期间需关注的要点,总结了数种常见故障以及相应维修方法。

第二节 数字指示秤的检定

一、数字指示秤检定概述

(一)数字指示秤检定的概念

数字指示秤的检定包括多个方面的内容,具体来说,数字指示秤的检定就是通过比较测量值与物体实际值之间的差异,来确定数字指示秤的称量是否准确。通常在进行检定的过程中,工作人员以标准砝码为测量物,从而方便数值上的比较。由于数字指示秤的应用十分广泛,为了规范数字指示秤的应用,提高数字指示秤的测量精度,我国有关部门针对数字指示秤的检定工作出台了相应的检定规程,但是通过实践证明现行的检定规程在某些方面仍存在着一定的缺点与不足,缺乏应用的实际意义。因此,需要有关部门加大对数字指示秤检定工作的了解,深入数字指示秤检定工作中去,把握数字指示秤检定工作的实际需要,对相关规程进行完善与弥补。

同时,数字指示秤与电子天平既有共性又相互区别。电子天平是通过作用于物体上的重力来确定该物体的质量的,并采用数字指示输出结果的计量器具;数字指示秤的原理,是将被称物置于承载器上,称重传感器产生的电信号通过数据处理装置转换及计算，由指示装置显示出称量结果，两者都属于非自动衡器。在我国，由于历史等原因，按准确度级别高低把非自动衡器划分为天平和秤。天平的主要特征是准确度较高，使用条件要求较严，测量范围较窄；而秤的特点是测量范围较宽、实用性较强、准确度较低。

JJG1036-2008《电子天平检定规程》代替的就是JJG98-1990《非自动天平》（试行）（电子天平部分），电子天平检定规程的归口单位是全国质量、密度计量技术委员会，JJG 539-2016《数字指示秤》的归口单位是全国衡器计量技术委员会。虽然两份规程的归口单位和起草单位不同，但两规程均等效采用了国际法治计量组织（Organisation Internationale de Métrologie Légale，简称OLML）R76非自动衡器国际建议，导致两份规程中有相同的部分也有不同的地方。两个规程都有中准确度级和普通准确度级的电子秤和电子天平，并且两者的各部分性能和指标要求也大体相同，造成区分界限的模糊。同时由于历史等原因，电子天平一直被认为等级比电子秤的等级要高，因此电子天平的价格是电子秤的几倍甚至几十倍，生产厂家和经销商追求利益最大化，刻意混淆两者之间的区别，随意制定铭牌等或在秤体上刻意不标明产品名称，这些都造成了两者在检定和使用中难区分的现状。

两份规程中的最大允许误差也是一样的，但是检定过程中天平的检定分度值和实际分度值满足 $d \leqslant e \leqslant 10d$ 的关系，说明检定分度值最大可以是实际分度值的10倍，而数字指示秤检定规程中明确规定秤不允许配备辅助指示装置，秤的检定分度值与实际分度值相等，即 $e=d$。

数字指示秤检定项目更多，虽然电子天平准确度等级高，使用中检验的项目注重“称量是否准确”；数字指示秤准确度等级较低，使用中检查的都是通用技术要求，对“称量是否准确”没有更多的关注。

电子天平都配备自动校准功能，如果示值超过允许误差，通过该功能可以实现快速标定。但数字指示秤的种类很多，有电子案秤、电子台秤、电子吊秤和固定式电子秤四种类型，每种类型又包含很多型号规格。检定工作中遇到的电子秤的标定方法多种多样，有的需要打开秤体，有的需要打开标定开关，有的需要输入密码。不但不同厂家的标定方法不一致，而且同一个厂家不同型号的标定方法也不尽相同，甚至同一厂家、同一型号只是生产年份不同的电子秤的标定方法也不相同，这就为检定工作带来了更多的问题。

数字指示秤与电子天平既然同属于非自动衡器，两种衡器的检定方法也应保持一致，两个计量技术委员会应相互沟通，参照国际建议和我国实际情况制定和完善现行检定规程。小型电子秤的标定可以参照电子天平，设置专用的“标定”或“校准”按键，实现快速标定；电子天平的准确度等级更高，现有的电子天平普遍满足 $e=10d$，可以直接读取示值，对天平进行化整误差的修正；衡器都是以实际显示值作为称量结果的，数字指示秤完全可以同等应用该方法，即以实际分度值的10倍作为检定分度值，直接读取示值作为电子秤化整误差的修正；或是根据最新规程JJG 539-2016《数字指示秤》设置扩展显示装置，检定中开启扩展显示功能，同样以实际显示值作为检定结果，可同样提高检定效率，使检定工作更加简捷有效。大型数字指示秤主要是电子地上衡、电子汽车衡，目前在检定过程中发现汽车衡的量程越来越大，80t、100 t变成常态，甚至出现了150 t、200 t的电子汽车衡，这种量程“超大”的数字指示秤该如何检定成为检定工作中一件尴尬的事。首先，大量程的汽车衡检定需要大量的砝码，检定机构购置砝码的成本、维护的费用、检定时运输的车辆费用都是一笔不小的支出；对于差额拨款、自收自支检定机构，这些费用最终可能还要全部由企业来买单，这又与目前国家提倡的减税降费相矛盾；其次，大量程的汽车衡的出现是为了满足企业需求的结果，不过这种需求是否合理合法有待考证，交通运输部2016年9月21日颁布施行的《超限运输车辆行驶公路管理规定》中明确指出各类车型中总质量限值为49 t，超过这一限额的车辆属于违法车辆，不允许上路行驶。如果企业为超限超载车辆提供方便，那么其本身就助长了危险运输的违法行为。由此可见，电子汽车衡的最大量程限制在60 t是比较合理的，同时电子汽车衡的检定方法也参照上述的小型数字指示秤的检定方法实施。

（二）数字指示秤检定的必要性

数字指示秤的检定工作已经成为数字指示秤应用过程中的重要组成部分[①]。在对其进行深入分析后，我们可以知道数字指示秤的检定工作对

①王硕．数字指示秤检定误差要素来源和应对措施[J]．信息记录材料，2019，20(03)：210-212.

于数字指示秤的应用具有必要性。首先,数字指示秤的检定工作可以修正数字指示秤的误差,数字指示秤在应用的过程中,在精度上经常会出现误差,这主要是由于数字指示秤容易受到外界因素的影响,同时,由于使用时间较长,自身内部构件受损等也会造成数字指示秤应用上的偏差,因此,为了保障数字指示秤测量的准确性,必然要进行数字指示秤的检定工作,以降低数字指示秤在应用过程中的测量误差。其次,数字指示秤的检定工作可以发现数字指示秤的质量问题,数字指示秤是机械装置,内部安装有电子元件,在应用的过程中难免会出现一些故障造成数字指示秤应用上出现误差,而数字指示秤的检定工作主要就是对数字指示秤的异常进行修正的,因此,一旦数字指示秤在检定的过程中出现测量失误、测量不稳等问题,工作人员就会发现数字指示秤存在的故障进而对其进行解决。

从古至今,交易市场中最离不开的度量工具就是衡器,其在人们的生产生活中占据着非常重要的位置,能够保证商品交换的公平与便捷。然而,随着社会的不断进步,现阶段市场交易中出现的衡器种类越来越丰富,对其质量管理也提出了更高的要求,如果无法确保衡器的公平性,就极易发生市场交易混乱的情况,不利于社会的长远发展。因此,在当前社会背景下,深入研究衡器如数字指示秤计量检定中的技术问题与措施,具有非常重要的现实意义。其一,保证企业实现综合效益。数字指示秤在各行各业中的应用已经非常广泛,加强数字指示秤计量检定,能够保证计量的准确性,可以有效提高企业的综合效益。其二,维护市场交易的正常进行,在当前经济全球化发展的背景下,商品交易更加频繁,加强数字指示秤计量检定可以有效提高数字指示秤的准确度,保证商品交易的公平性,同时也能避免不良商贩缺斤短两的行为发生,促进交易市场的健康发展。

二、数字指示秤检定阶段的重点

数字指示秤检定过程涉及多项内容,按照一般理解,对数字指示秤的检定就是降低测量值与真实值之间的差异,保证最终结果的准确性。在实际检定过程中,检定工作者通常利用已检定合格的、有一定等级的标准砝码作为参照,在测量期间,借助砝码来正确调节、优化数字指示秤的精确度。现实生活中,应用数字指示秤的领域较为广泛,为了保证测量数值足够精确,需要提升数字指示秤的测量精度。在此理念下,必须采用科学合理的检定手段，全面分析在实际检定中容易出现的问题，对检定的关键点进行把握，弥补当前检定的不足，保证数字指示秤检定工作的有序进行。

根据反复的实验可以验证、提高数字指示秤检定工作的准确度，主要有以下几个注意事项：首先，模拟的称重装置在出现检定偏差或测试方法错误时，应当仔细斟酌电位器的调整幅度，慎重操作，直到将电位器调整到偏差出现的中间位置；其次，数字式的称重装置在出现检定结果误差时，由于器械本身感应度比较灵敏，操作和调整时必须加倍小心，应当首先根据既定条件进行计算，得出引起变化的内码大小，并将之固定在一个既定的范围中；最后，针对数字指示秤的检定，对于不同的检定重量标准，会出现内码值的变化，必须结合实际情况具体分析，而不能生搬硬套，完全沿袭上一套标准，造成不必要的误差。现如今数字指示秤已经被广泛应用到各行各业中去，但其实际操作误差的出现比较常见，不论采用哪种检定方法，基于现阶段我国在这方面的技术水平，误差的出现是在所难免的。而研究人员具体研究的方向，就应当立足于数字指示秤操作过程中的各大主要注意事项，提升检定方法的选择标准以及加强对所产生误差的分析和改善，提升我国数字指示秤的使用水平。

（一）检定准确度和置零装置的精确度

在数字指示秤实施检定阶段前，首先要满足秤预加载荷处于调平状态，逐渐让秤恢复至平衡位置。在调节期间，要按照准确除皮操作，合理控制置零准确度，不过，受限于实际条件和多因素的影响，在执行期间需防范其他无关因素的干扰。现实应用阶段，许多数字指示秤具备自动置零的功能，所以在检定期间还要采用增加砝码的操作来实现精确检定，以 $10e$ 砝码为例，就代表着具有 10 个检定的分度值，在将数字指示秤逐渐恢复到工作状态后，及时采用脱离零点追踪的方式完成自动置零操作，随后还需要借助闪变点检定的方法，在依次提升 $0.1e$ 数值（选择数值相对较小的砝码）后，观察到数字指示秤的准确变化，它的数值能够满足跳动 1 个 e 的标准，此时停止操作，按照对应的运算方法，实现精确检定并满足科学的检定结果。

（二）检定数字指示秤的偏载

通常在对数字指示秤的偏载情况进行检定时，需要在秤的支点位置合理增添砝码，不过，最终增加的砝码值对比按照公式计算得出的数值应该更小一些。主要原因是在按照最大的称量值和支撑点的具体个数，包括皮重相加起来后，获得的数值与最终的砝码值并不完全相同，两者相除后还存在小数，而在数字指示秤的偏载值检定期间，针对支撑点增加的砝码数值就应当小于该数值，最终只能按照整数的形式来计算。同时，为了便于结果统计，降低总体误差度，在检定过程中，应尽可能选择使用质量较大的砝码。实际操作阶段，按照偏载检定的流程，为了确保零点的偏差没有出现变化，还需要正确添加对应的砝码，通常借助10e以上的砝码来进行操作，另外，执行期间应保证不会影响到自动置零以及脱离零点跟踪的过程。

（三）检定分度值等级关系

数字指示秤在正常检定过程中，检定工作者会根据JJG539-2016《数字指示秤检定规程》中的技术要求，按照指示秤上面的具体标准来进行评判，认定出该秤的具体准确度，通常会按照级别来划分。

但在实际使用中，有时确实存在差异的情况，必须要对准确度和分度值的等级关系进行检定。依据国家规定的相关标准，数字指示秤的具体分度值应该与检定分度值保持相同。基于数字指示秤数据显示可供调节的优势，它的实际分度值与传统的标尺类型存在差异，传统标尺刻度已经确定，而指示秤的分度值可供调试，两个相邻数据显示值的差，即代表着数字指示秤的真实分度值。传统机械标尺秤分度值无法更改，但是利用数字指示秤却可以调节分度值。在实际检定期间，由于存在两次检定结果可能不相同的情况，因此工作者必须严格遵循操作规定，把握精确度，保证检定分度值符合相应的精确度级别。

（四）检定具有零点跟踪功能数字指示秤

面对数字指示秤具备零点跟踪功能时，在操作期间很容易出现指示值自动调节为零的现象，不过需要注意10*e*砝码可能脱离零点跟踪的情况。按照正常操作程序，在运用秤量阶段若发现归为零位时，数字指示秤就会主动开启零点跟踪模式，这就体现出难以精确判断零点是否有误差的情况。在数字指示秤的最初出厂阶段就应当关注误差，及时采取正确调节措施。在吊钩秤加、卸过程中，应当通过调整钢索的松紧程度来有效调零，该过程类似于砝码的增减，同样要符合操作的规范性。在数字指示秤的显示值达到零的状态时，就应当运用钢索来实施检定，首先由一根钢索增添10e的砝码，另外一根则执行秤量检定过程，依照砝码进行调节，保证在实际调节运用中，防止出现数字指示秤由于具备零点跟踪功能而总是归零的状况，为准确检定创造条件。

三、数字指示秤存在的问题及成因

（一）数字指示秤计量问题

数字指示秤是保障实现公平贸易的基础计量工具，但在利益驱使下，部分数字指示秤却最终变成某些不法经营者谋取利益的工具。通过对相关计量数据进行随意篡改，从中得到不当利益。

1.硬件作弊

部分不法商贩为了得到某些不正当利益，会对数字指示秤生产企业提出不当要求，并追求购买涵盖作弊能力的数字指示秤。而生产企业在利益诱惑下可能会迎合不法商贩的要求进行生产，违背生产标准，制作不良产品，并在生产中留下某些作弊接口，部分企业甚至会直接生产具备作弊功能的数字指示秤。部分作弊则存在于流通销售环节，数字指示秤销售商为追求高利益，自主改装作弊芯片，实施电阻焊接，对出厂铅封造成直接破坏，在市场中销售各种非正规数字指示秤。

2.软件作弊

软件作弊表现为相关生产企业为了迎合某些不当需求，将作弊程序嵌入数字指示秤运行程序，选择非标准砝码充当校准砝码，影响数字指示秤的校准准确性。比如，部分数字指示秤为了能够灵活调整各种误差，在生产初期直接设计专门程序，利用内置开关的方法，使数字指示秤显示达到某种内分辨状态，便于违法商贩对测量数据进行随意更改。部分电子吊秤还可以通过人工操控将实际分度值变成低于检定分度值的形式。为了提高贸易的公开性和透明度，要坚决杜绝安装相关作弊装置。

3.“两张皮”问题

“两张皮”问题主要指是生产企业选用高品质材料对产品实施形式评价，在结束评价后，生产中为了降低成本，选择和评价中不同的劣质材料充当核心零件。

(二)数字指示秤计量检定中的技术问题

1.检定人员业务水平薄弱

数字指示秤计量检定对专业要求较高,通常需要检定人员具备过硬的检定技术以及较强的专业素质,这样才能确保计量检定工作的有序开展,保证检定结果的准确度。然而,就实际情况来看,部分计量检定人员没有接受过专业的技术培训,技术能力比较薄弱,各项操作不符合 JJG 539-2016《数字指示秤检定规程》的要求,导致检定质量不达标。

2.检定过程不规范

数字指示秤计量检定工作的专业性非常强,需要有严格的规章制度加以约束,除需政府相关部门授权外,还需要工作人员有严谨的工作态度,否则就会出现检定失真的情况。但是,在实际的计量检定工作中,管理比较粗放,对于各项规章制度的要求没有严格执行到位,在设备方面也欠缺力度,导致检定结果的准确性得不到保证。

3.检定记录不严谨

在计量检定工作过程中,检定项目、数据众多,检定记录工作非常重要,只有确保其记录的真实性与准确性,才能保证最终的检定结果符合要求。然而,在具体的工作过程中,由于缺乏规范的操作,检定记录也会发生各种各样的问题,比如检定证书缺乏相应编号、数字指示秤出厂日期不全、计量检定文档出现缺失、生产商出现漏记等,这些问题不加以解决,都会影响数字指示秤计量检定的质量。

(三)数字指示秤作弊问题原因分析

监管力度不足是导致数字指示秤出现作弊问题的原因之一。同时,政府部门宣传力度不足,缺少备案要求。在现实生活中,人们缺少数字指示秤的计量检定意识,没有意识到数字指示秤实施计量检定的重要性。同时计量器具制造相关的评价信息以及质量许可证通常不对外公开,增加了社会公众对生产企业经营状况和资质状况的核实难度。此外,技术法规不完善也是出现数字指示秤作弊问题的原因之一。结合目前我国计量器具相关技术法规发展现状分析,相关技术法规和法律规范依然存在各种缺陷和漏洞,国家尚未针对数字指示秤中的核心零部件进行硬性规定,比如承载器的强度以及材质等,同时也没有对数字指示秤的铅封位置形成标准进行要求,缺少衡器软件有效核查方法。在第一次实施计量检定中,没有严格按照具体检定规程实施，通常直接将新采购的衡器当作经过合格检定的产品。而数字指示秤实施型式评价和计量检定之间缺少直接联系，甚至存在型式评价信息和计量检定规程不同的问题，导致出现监管检查缺陷，无法有效控制数字指示秤的弄虚作假问题。

四、改善数字指示秤计量检定具体策略

（一）生产企业加强管理

结合上述数字指示秤各种应用问题以及原因，可知实施计量检定是一项必要性工作。为此，数字指示秤相关生产制造企业需要率先实施严正声明，突出数字指示秤产品不具备任何欺骗性应用特征，同时还要将相关质量声明以及质量标准粘贴在明显位置。利用具体声明，控制企业在生产过程中不会出现任何存在作弊隐患的端口软件，同时也避免在数字指示秤中留下作弊条件。假如市场中出现该企业作弊数字指示秤，最终后果要由生产企业承担，促使生产企业采取有效措施提升数字指示秤产品的防作弊能力，强化生产企业的责任意识，从源头切断数字指示秤作弊的可能性，预防作弊问题的发生。

（二）形成计量法制标志

每个制造完成且经过合格检验达标的数字指示秤，需要在突出、明显且固定的位置合理粘贴计量器具标识以及相应的计量法制标识，方便消费者能够了解相应的产品标识信息，准确了解数字指示秤产品的应用性能状况以及具体功能。目前，工业领域的作业分工较为细致，且拥有较强的专业性，生产企业无法自行制造产品的全部零部件，其中部分零部件不可避免地会选择由其他企业生产，在两个企业同时生产的情况下需要针对各个模块形成相应的说明标识，厘清各个企业的生产责任，在数字指示秤出现作弊问题后能够准确追责，提高生产企业的重视程度和责任意识。

（三）增加铅封

针对数字指示秤实施铅封处理时，要选择能够对秤量值产生直接影响的固定位置，增加铅封同时也是新检定规程对于数字指示秤提出的法制计量要求，严格禁止利用任何方法与任何形式破坏数字指示秤的铅封，做好数字指示秤计量性能相关的各种参数调整工作。具体可以将铅封分成两种形式，从生产企业角度分析，数字指示秤产品出厂时需要合理添加检验

合格对应铅封。从计量检定机构角度分析,结束计量检定后要重新对合格达标的数字指示秤增加铅封,这也是检定合格铅封。避免随意拆卸和破坏铅封。相关检定规程要求,没有铅封代表相关数字指示秤计量器具检定结果不达标。利用该种方式对数字指示秤添加铅封,能够控制部分非法经营者在销售环节的作弊行为,同时还能准确分辨数字指示秤的检定时间。

(四)政府监管

为了做好数字指示秤的计量检定工作,相关政府部门还需对计量检定工作进行有效监管,不断加大宣传力度。计量监管部门要合理创建针对核心零部件以及数字指示秤结构图的数据管理平台,对相关设备信息实施动态监控。其中某些核心部件变化后,应在第一时间将具体变化信息上报计量行政负责部门,并做好备案管理。而在建设有效的数据信息监控平台后,还需要实时更新其中的公示信息。计量检定部针对管辖范围内各种数字指示秤开展全面计量检定工作时,应做到不留任何遗漏和死角,提高辖区内贸易结算中所用数字指示秤的真实性和可靠性,不存在任何缺斤短两以及欺诈问题。政府专门负责计量检定的部门需要做好日常管理监督,强化数字指示秤作弊问题的管理力度和惩处力度,在部分人流量高的交易场所适当设置公共数字指示秤即公平秤,并针对某些违规行为实施严厉处罚。

(五)数字指示秤计量检定技术问题的解决措施

1.提高检定人员的综合素养

想要促进数字指示秤计量检定工作质量得到有效提高,首先要对检定人员的综合素质能力进行全面强化。基于此,需要从以下几个方面进行:其一,加强对检定人员的技术培训,定期安排相关领域的专家开展相关培训,提高检定人员的专业技术水平,并通过制定考核机制,来督促检定人员不断完善与更新自身检定技术;其二,加强检定人员的素质教育,相关负责人需要不定期安排相关的安全培训课程,学习相关的法律法规知识,以此来增强检定人员的综合素养,从而使其自觉地遵守相关规定,提高检定质量;其三,建立完善的奖惩制度以及评价体系,以此来激发检定人员的积极性,保证计量检定工作的高效开展。

2.加强计量检定的监督

监督与管理是提供检定工作质量的重要举措，对此，相关人员还必须要加强计量检定的监督工作，确保整个计量检定过程的透明化以及公开化。具体来说，生产企业要定期进行自查，并对计量检定工作中存在的问题及时进行处理，避免问题的扩大化，保证企业经济效益不受损失。另外，市场监管部门需要加强监管，对生产企业的各项工作内容进行全面细致地检查，包括生产条件是否达标、工作人员是否拥有资质等，保证计量检定工作的质量。

3.提高检定记录的规范性与有效性

为了充分发挥数字指示秤的作用与价值，做好检定记录工作十分有必要，必须要确保其完整性、准确性及有效性。基于此，检定人员在进行检定记录时，首先需要对数字指示秤的器具编号、检定条件、检定地点、检定分度值 e、实际分度值 d、最大称量max、最小称量min准确记录，确保数据的真实性与完整性，若后续出现问题，也能第一时间找到源头。其次，检定人员还需要按照规程要求详细记录称量、除皮后称量、重复性、偏载、鉴别阈等数据，确保信息的真实性，在此次数据处理过程中，要注意公式 $E=P-I$①与公式 $E=I+0.5e-\Delta L-L$②的应用。P 为化整前的示值，kg，g或t；I 为示值，kg，g或t；ΔL 为附加砝码质量，kg，g或t；L 为载荷，kg，g或t；E 为化整前的误差，kg，g或t。当数字指示秤的实际分度值 d 不大于检定分度值 $0.2e$ 时应用公式①，当数字指示秤的实际分度值 d 大于检定分度值 $0.2e$ 时应用公式②。

综上所述，在当前社会经济迅猛发展的时代，数字指示秤计量检定工作的实施具有重要作用，能够促进市场经济的繁荣发展，保证商品交易的合理性与公平性。因此，相关人员必须要加强对数字指示秤计量检定技术的研究，了解并掌握数字指示秤计量检定的真正内涵与重要意义，并正确看待当前数字指示秤计量检定中的技术问题，不断更新与完善计量检定工作的相关内容，提升计量检定水平，从而更好地为社会经济提供便利。

第三节 数字指示秤的安装调试、使用和故障排除

一、数字指示秤常用调试方法

(一)调节电位器法

调节电位器法在早期的数字指示秤中最常见,比较典型的要数上海大和衡器有限公司生产的ACS系列电子计价秤①。检测这类电子秤遇到示值超差时,首先拿掉秤盖,打开秤台上部的一个小盖子,会看到两排调试用的拨头,通过对拨头的重新排列组合,改变输出的电子信号,来达到调试的目的。台湾金钻公司生产的电子秤,在秤体或仪表的侧后方,一般会留有专门的调试孔,通常由零点和量程两个电位器组成,加载标准砝码后,直接用小螺丝刀调节电位器即可完成,需要注意的是每次调完量程电位器,必须拿下砝码,重新调节零点电位器至归零,否则零位有偏差,仍然不能保证称量的准确性。遇到只有一个调节电位器时,如果反复调整不成功,这时需要在加载调节时,按照调节比例,用反向调节就能够达到调试目的。另外,商品混凝土行业早期安装的配料秤,电位器调试方法也很常见,与普通电子秤的区别在于,往往需要先计算好仪表预期调整的内值,再通过调节电位螺丝来实现校准目的。此外,目前普通电子汽车衡安装的是模拟式传感器,在接线盒调整四脚误差时,也是用这种方法。

(二)按键式调试法

该方法简便快捷,是最常见的调试方法之一。数字指示秤用途广泛,涵盖行业领域广阔,与老百姓的生活息息相关,尤其在贸易结算领域更是举足轻重。鉴于这些特点,只有生产厂家、售后维护及计量检测人员掌握数字指示秤的调试方法,一般不对外公开,而且电子秤键盘不设置专门的校准键,这点与电子天平不一样。具有按键式调试方法的数字指示秤种类繁多,诸多企业生产的电子秤都采用这种方法。通常是在开机时或者开机后,长按一个键或者利用两个键的组合,电子秤便能进入调试校准状态,加载标准砝码,输入砝码值,确认接收即可。一般厂家会将这些电子秤的

①邓小伟. 数字指示秤常用调试方法解析[J]. 衡器,2014,43(12):39-40.

一个或者两个普通按键设置成具有校准功能的按键,方便技术人员实现最简单快捷的外部校正。这类调试方法有一个共同的特点,就是校准方法简单,在电子秤工作状态下便可以进行,校准过程花费时间短,对企业正常生产影响小。

(三)密码型调试法

有些电子秤必须先输入调试密码,进入校准程序后,方可进行调试,这类电子秤也比较普遍。检定时发现电子秤称量不准,需要调试,必须先要知道各个型号的密码,进入调试程序后才可校准。有部分电子秤的校正密码在进入程序后可以进行修改,这有两个好处:①修改密码以后,可以有效防止不法分子对电子秤做手脚,造成缺斤少两现象,坑害他人;②法定计量人员通过修改密码,可以加强对属于强制检定的电子汽车衡的控制,有效保障企业之间的贸易往来,为当地的经济建设服务。还有部分没有数字输入键的电子秤,它们通常是通过几个功能键的组合,达到解密的目的。每个电子秤厂家的调试方法不是一成不变的,大部分会随着技术的进步,结合实际应用的优缺点,进行不断的改进,往往同一厂家的不同系列仪表会采用不同的调试方法。因此,我们检测人员也要与时俱进,及时掌握新仪表的调试方法。

(四)内置标定开关型调试法

这类电子秤,通常需要打开仪表盖,用跨接器将标定开关连接后才能进入校准程序。还有类电子秤不需跨接,仪表内部设有标定开关,打开仪表盖,直接将开关拨到ON位置便可以。这些电子秤都带有标定开关。

二、数字指示秤的维修保养

(一)日常使用维护

在日常使用数字指示秤阶段,应当主要关注以下内容。第一,室内环境温度及湿度必须满足使用要求。第二,从载荷传感器出发,观察其接线部位是否存在问题,保证松紧状态合适。按照不同功能划分,相关线路避免互相影响,使信号线、电源线及屏蔽线分开,并满足接地条件。同时,若发现线路存在锈蚀或者氧化的情况应该及时更换,保证秤体各部位正确连接,没有出现松动和变形等状况。第三,对数字指示秤的定量仓需要及时进行清理,禁止周围存在任何异物影响到称定过程,同时防范仓壁表面挂上相关物品,保证称量的准确性。第四,在正常使用数字指示秤阶段,要遵循定期更换蓄电池或锂电池的步骤,保证在更换期间电源稳定,不会因为断电等问题对数字指示秤的称量完成产生过多影响。第五,观察数字指示秤的通信路线良好,尤其是针对接触部位,要保证无误。第六,使用阶段要合理控制排风系统,满足畅通环境,最大程度上消除气压对称量过程的影响。第六,要对数字指示秤进行定期校验,满足正确使用的各项条件。

(二)数字指示秤的故障分析和排除

通常情况下,在数字指示秤出现故障时,首先需要检查秤的机械系统,然后观察电气系统。在实际维修中,要从仪表结构出发,判断传感器与其他系统连接的正确性。首先,采用逐步分析法,结合自身经验针对故障追查其原因;其次,在检查传感器问题时,需要拔下连接的插头,借助模拟传感器的方法,观察展示仪表的具体数值,通过对比仪表的显示,判断出仪表产生故障的原因;最后,如果发现数据显示正常,则说明故障主要在于数字指示秤的其他部位,有效判断出故障的具体部位,便于后期应对各项故障的处理。

1.故障一及其维修

故障现象一:发现在数字指示秤开机以后,没有出现显示信号。

维修和故障分析:检查数字指示秤是否有稳定的220 V电压输入;如果发现电压正常,则对相关仪表的电源的电子线路和保险丝进行判断,若保险管为正常状态,就需要对变压器进行更换;或是仪器的开关电源或蓄电池充电电路出现故障,通过更换相应电路板消除故障。

2.故障二及其维修

故障现象二:数字指示秤在显示数据时,总是有规律地出现向下或者向上改变数值的情况。

故障分析和维修:观察数字指示秤工作状态的电压是否满足稳定的要求,如果使用的电源时常会出现电压不稳定的情况,就需要配备相应规格指标的交流净化稳压电源,或正弦波输出的UPS不间断电源;若发现电压满足稳定条件,则判断数字指示秤在正常工作期间是否会受到周围其他线路或者无线电频率的影响,借助模拟化操作,增加高频电源滤波器及时消除掉电子干扰的现象。

3.故障三及其维修。

故障现象三:在显示数据过程中,具体数值总是按照分度值方式来进行跳变。

故障分析和维修:严格审查周围区域内是否存在机械噪声与振动,在准确寻找到噪声或振动源以后,观察在机械噪或振动声停止后,数字指示秤是否还会继续出现该种现象;如果恢复为正常工作状态,则说明该故障就是由机械噪声产生的振动所引起的,振动的存在导致数字指示秤的转换器出现周期性误差。在消除故障阶段,从过滤机械噪声角度出发,通过合理设置滤波器,消除区域振动的影响。

4.故障四及其维修

故障现象四:数字指示秤显示数据期间,其数值总是呈现出无规律地跳变。

故障分析和维修:观察数字指示秤传感器的电缆线是否受到损坏,尤其是对于长时间使用导致的磨损现象,防止出现碰线短路的情况;如果发现电缆线功能正常,则继续观察是否是传感器自身失灵或者数字指示秤配备的A/D转换器因损坏而不能正常工作。在维修期间,首先做好电子秤的屏蔽及接地,必要时,更换传感器的电缆,注意屏蔽线只能一端接地。首先,消除因电缆破损或磨损带来的电磁干扰影响,解决碰线短路的问题;其次,在发现是由于传感器或者转换器而产生的问题后,可直接对上述部件进行更换,然后按规范进行校准。

5.故障五及其维修

故障现象五:数字指示秤的数据不能准确显示载重质量数据,而且数值不稳定。

故障分析和维修:观察定量仓是否存在异物,或者仓壁上是否挂有其他影响结果测定的物品,同时该故障也可能与传感器悬浮链环出现变形的情况有关,通过观察以上部件系统,若发现并没有出现上述问题,就应当查看通风道,防止通风道被其他异物所阻挡。在进行维修时,应当对已出现断裂现象的悬浮链环进行更换,并再次精确调节传感器,稳定传感器的输出电压。如果观察到是因为异物存在而导致的问题,就应当将异物清理掉,使定量仓满足自由条件,增加区域空间,排除无关因素的影响。

6.故障六及其维修

故障现象六:使用过程中,数字指示秤表现出不工作的状态。

故障分析和维修:测量数字指示秤的电池电压是否满足要求,测量接通交流电是否满足220V±10%的正常使用条件。如果出现长时间停电的现象就会影响到通信传输线路,在运行期间要准确探究原因。解决该故障时,首先使用数字多用表检测电池电压值,若异常,应当及时更换电池,一般铅酸蓄电池使用寿命在3年,锂电池在4年;然后对相关的数据程序进行再次刷新输入,仔细检查传输者的线路情况,满足通信线路畅通条件,解决不能正常工作的问题。

7.故障七及其维修

故障现象七:数字指示秤存在排料不彻底的情况。

故障分析和维修:面对这种现象,最可能的原因就是测试砝码受到了其他作用力,由于所处位置的差异,机械翻转机构异常,完成排料不彻底,例如,在定量库中有先前称量的物品悬挂,没有将物品清除干净等。消除故障的方法主要是通过排除其他作用力影响,或者清理掉库壁上其他称量物品,按照维护规程定期加注润滑油。

第八章 模拟指示秤

第一节 模拟指示秤的结构和工作原理

模拟指示秤(又叫弹簧度盘秤)是利用弹簧弹性变形原理制成的一种指针度盘式案秤。这种秤具有构造简单、轻便灵巧、读数直观、使用方便、防止欺骗等优点,受到用户和消费者的青睐。由于弹簧度盘秤计量精度低,我国规定台式弹簧度盘秤作为四级秤,即普通准确度级秤销售,并在一定范围内使用,即在木杆秤使用的场合可用台式弹簧度盘秤代替,并规定生产单位应在台式弹簧度盘秤的秤体明显部位标注(|||)标志。[①]

一、弹簧度盘秤的结构

(一)产品型号、规格和主要参数

1.产品型号

根据GB3025-82《衡器产品的型号编制方法》的规定,弹簧度盘秤的产品型号为ATZ型,"型"前面用由阿拉伯数字表示以kg为单位的最大秤量,用"-"与前面的汉语拼音字母隔开。

例:ATZ-8型表示最大秤量为8 kg的弹簧度盘秤。其代号的含义:A表示秤的类别,A为案秤,案(AN)的汉语拼音第一个字母为A;T表示秤的传力结构,T为弹簧,弹(TAN)的汉语拼音第一个字母为T;Z表示秤的计量方式,Z为指针形式,指(ZHI)的汉语拼音第一个字母为Z;8型表示以kg为单位的最大秤量(8 kg)。

2.产品规格

ATZ型弹簧度盘秤的产品规格是以mm为单位的承重盘有效尺寸表示。

---

①张海霞.新型便携式电子秤研究[D].长沙:湖南大学,2005:40-41.

ATZ型弹簧度盘秤的规格见表8-1。

表8-1　ATZ型弹簧度盘秤规格

产品型号	承重盘尺寸(直径)/mm
ATZ-2	240
ATZ-4	240
ATZ-8	260

3. 主要技术参数

ATZ型弹簧度盘秤的主要技术参数见表8-2。

表8-2　ATZ型弹簧度盘秤的主要技术参数

产品型号	最大秤量/kg	最小秤量/g	分度数	分度值/g	准确度等级	承重盘直径/mm	外形尺寸长×宽×高/(mm×mm×mm)	自身质量/kg
ATZ-2	2	50	400	5	(IIII)	240	280×204×326	4
ATZ-2	4	100	400	10	(IIII)	240	280×204×326	4
ATZ-2	8	200	400	20	(IIII)	260	280×204×326	4

(二)ATZ弹簧度盘秤的结构

1.单面弹簧度盘秤的结构

单面弹簧度盘秤的结构如图8-1所示。它主要由承重机构、计量弹簧机构、齿轮机构、调零机构和外壳等组成。

承重盘1放在托盘架2上,供放置被称量物体之用,并可以连同被称物体一起取放。托盘架与矩形承重架3用螺钉相连接。在承重架上端有铰链连接的上摆板5,在其下端也有铰链连接的下摆板13,两摆板的另一端以同样的方式连接在外壳7后侧板的调整座上,组成一个四铰链节点的平行四边形体的罗伯威尔机构,以防止可能出现的承重架倾斜现象。矩形承重架的下横梁上有两只小孔,用来安装活动铰销,两只计量弹簧4的下钩分别挂在铰销的孔内,铰销在铅垂方向上开有几个小孔,用以调整计量弹簧的工作长度。计量弹簧的上端与挂板相连,挂板上有两个V形刀口,这两个V形刀口与承重架下横梁上的两个小孔相对应,计量弹簧就悬挂在这两个V形刀口上。挂板固定在外壳上且可沿铅垂方向上下调整。这样,当重物加放在承重盘上时,作用于承重架上的重力能够被计量弹簧的弹性力所平衡,根据弹性变形原理,弹簧在铅垂方向产生的线位移与重物的重力相对应。

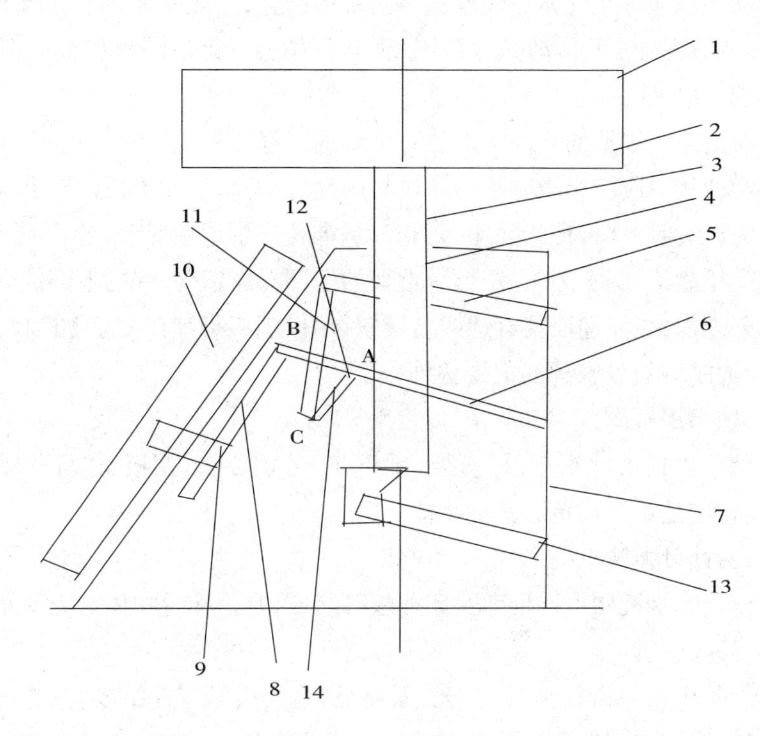

1—承重盘;2—托盘架;3—承重架:4—计量弹簧;5—上摆板;6—杠杆;7—外壳;

8—齿条;9—轴;10—指针:11—上连杆;12-下连杆:13—下摆板;14—双金属片。

图8-1 单面弹簧度盘秤结构示意图

承重架上有一根水平杠杆与上连杆11相连,将承重架在铅垂方向的线位移传递给杠杆6,杠杆的下端用铰链与外壳相连接,另一端装有齿条8,当上连杆11带动杠杆6运动时,齿条也随之移动,从而带动轴9上的小圆柱齿轮转动。由于圆柱齿轮与指针10同轴,所以,指针转动的角度就反映了齿条的移动距离,也就反映了承重架沿铅垂方向的位移大小。

由于计量弹簧是由金属丝绕制而成的圆柱形螺旋弹簧,在温度变化时,其有效长度也必然变化,这势必给称量结果带来误差。为消除温度变化对称量结果的影响,在弹簧度盘秤上设计了温度补偿机构。该机构主要由双金属片14、杠杆6、上连杆11等组成。当温度升高时，双金属片弯曲，当温度降低时，双金属片伸直，从而抵消弹簧因温度变化而引起的伸长，达到温度补偿的目的。

为了准确调零，在挂板的中心位置上设有圆柱形螺栓，螺栓穿过外壳的上部。在挂板与壳体之间放置一圆锥形弹簧，当旋动螺栓上的调零螺母时，带动挂板上、下移动，通过计量弹簧等构件，带动指针转动，达到指针调零的目的。

在矩形承重架的下横梁上装有可调的限程螺钉，其头部与外壳底部上的小凸台相对应。当被称重物超过秤的允许载荷时，无论托盘架上承受多大的力，都通过螺钉传给底座，防止计量弹簧产生塑性变形。

除托盘架、调零螺母、矩形承重架的上部裸露以外，秤的零部件全部封装在外壳内，壳体迎面装有透明玻璃罩，用以观察指针在度盘上的位置。

2.ATZ弹簧度盘秤的主要构件

(1)承重机构

承重机构由承重盘、托盘架、承重架、上摆板、下摆板、连杆等零件组成，其作用是承受和传递被称物体的重力。

(2)计量弹簧机构

计量弹簧机构由计量弹簧和挂板等组成，它是称量物体重力的元件。

(3)齿轮机构

齿轮机构由齿轮轴、齿轮架、限位板、后挡板等零件组成，主要用于带动指针转动，在刻度盘上指示出计量示值的读数。

(4)调零机构

调零机构由调零螺母、顶盖、压簧等零件组成，主要用于空秤时的调整指针位置，使之指示零位。

(5)外壳

外壳是整个弹簧度盘秤的基础零件和保护内部零件的装置。

3. 双面弹簧度盘秤的结构

ATZ双面弹簧度盘秤与单面弹簧度盘秤的结构基本类似，其主要不同点在于单面指示和双面指示，而且还要求双面指示必须同步，不得造成计量误差。对于ATZ标准型弹簧度盘秤来说，其刻度盘不是铅垂状态，而是有一倾斜角度(便于使用中观察计量示值)的。也就是说，指示机构不能在同一齿轮上完成,必须具有两套独立的传动指示装置,而且还必须同步。为此,在ATZ标准型双面弹簧度盘秤上专门设计了一套双面指示的微调机构进行调整,以保证双面弹簧度盘秤两面示值一致。

二、弹簧衡量原理

弹簧秤利用弹簧在弹性限度内的弹性变形所产生的弹性力与被测物体的重力相平衡,由变形量的大小而测得物体的重力大小。

当外力W作用于圆柱螺旋弹簧的轴线上时,使弹簧沿轴向产生一个线位移。当弹簧丝的断面为圆截面时,有

$$\Delta l = \frac{4R^3 \cdot n}{G \cdot r^4} \cdot W$$

式中:Δl为弹簧的轴向变形量,R为圆柱螺旋半径;n为螺旋弹簧的有效圈数;G为弹簧丝的抗剪切弹性系数;r为弹簧丝圆形横截面的半径;W为外力。

如果外力就是重力,则W可以写成

$$W = m \cdot g$$

那么式$\Delta l = \frac{4R^3 \cdot n}{G \cdot r^4} \cdot W$可写成

$$\Delta l = \frac{4R^3 \cdot n}{G \cdot r^4} \cdot mg = \frac{4R^3 \cdot n \cdot g}{G \cdot r^4} \cdot m$$

由式$\Delta l = \frac{4R^3 \cdot n}{G \cdot r^4} \cdot mg = \frac{4R^3 \cdot n \cdot g}{G \cdot r^4} \cdot m$可见,不经校准时,利用这种弹簧秤测量的不是物体的质量,而是物体的重力。如果我们在不同地方用同一个弹簧秤测量同一质量的砝码时,由于各地的重力加速度(g)不同,从而使得弹簧秤的示值有所不同。但是,在使用地点利用标准砝码校准该弹簧秤后,由于重力加速度(g)是一个常数,因此变形只与物体的质量有关,所以经校准后的弹簧秤称量出来的是物体的质量。这种弹簧秤在校准地点的线灵敏度为

$$S = \frac{\Delta l}{\Delta m} = \frac{4R^3 \cdot n \cdot g}{G \cdot r^4} \cdot m$$

式中：Δm为秤上物体质量的改变量。

由式$S = \frac{\Delta l}{\Delta m} = \frac{4R^3 \cdot n \cdot g}{G \cdot r^4} \cdot m$可知，弹簧秤的线灵敏度在校准地点为一常数。但是在衡量过程中，由于变形产生的弹性滞后效应，使得测量值离散度变大，因而这种秤不能获得高的测量精度。

三、弹簧度盘秤的工作原理

弹簧度盘秤的工作原理如图8-2所示。当在秤盘上加放被称物体后，螺旋弹簧在该重力作用下被拉伸，当弹簧被拉伸而产生的弹性力与该被称量物体的重力相平衡时，经标准砝码检定后，指针就在度盘上指出了被称物体的质量值。

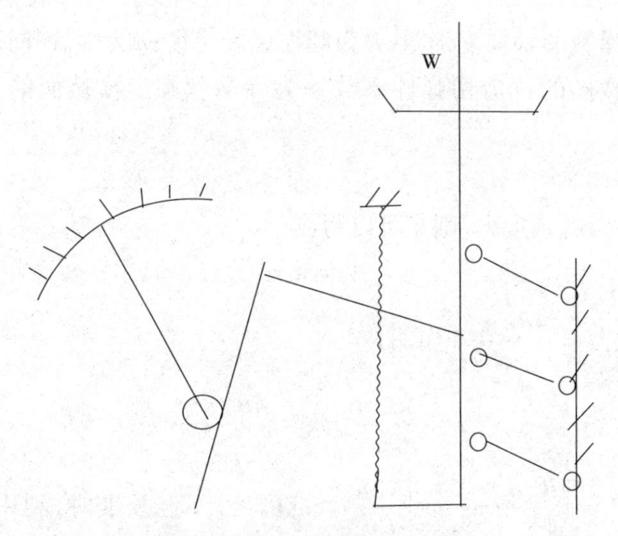

图8-2　弹簧度盘秤的工作原理

弹簧度盘秤和最简单的拉伸式弹簧秤的原理相同。两者的区别在于弹簧度盘秤利用杠杆系统和齿轮齿条机构，将重力引起的计量弹簧的线位移放大为指针在度盘上的角位移。

以ATZ-8型弹簧度盘秤为例，满载8 kg的情况下，计量弹簧伸长17.34 mm，度盘指针长度为180 mm，则满载时指针的端点走过的弧长为565.2 mm，指针相对于计量弹簧实际线位移的放大倍数为$i = 565.2/17.34 = 32$。

普通简单拉伸式弹簧秤的线灵敏度为$S = \Delta l/\Delta m = 17.34/8 =$

2.16(mm/kg)。

弹簧度盘秤的线灵敏度为$S = \Delta l/\Delta m = 565.2/8 = 70.6$(mm/kg)。

四、罗伯威尔机构在弹簧度盘秤上的应用

如前面所述,罗伯威尔机构是一种正平行四边形连杆机构,它的主要作用是消除重物偏载时给称量结果带来的误差。弹簧度盘秤中的罗伯威尔机构如图8-3所示。

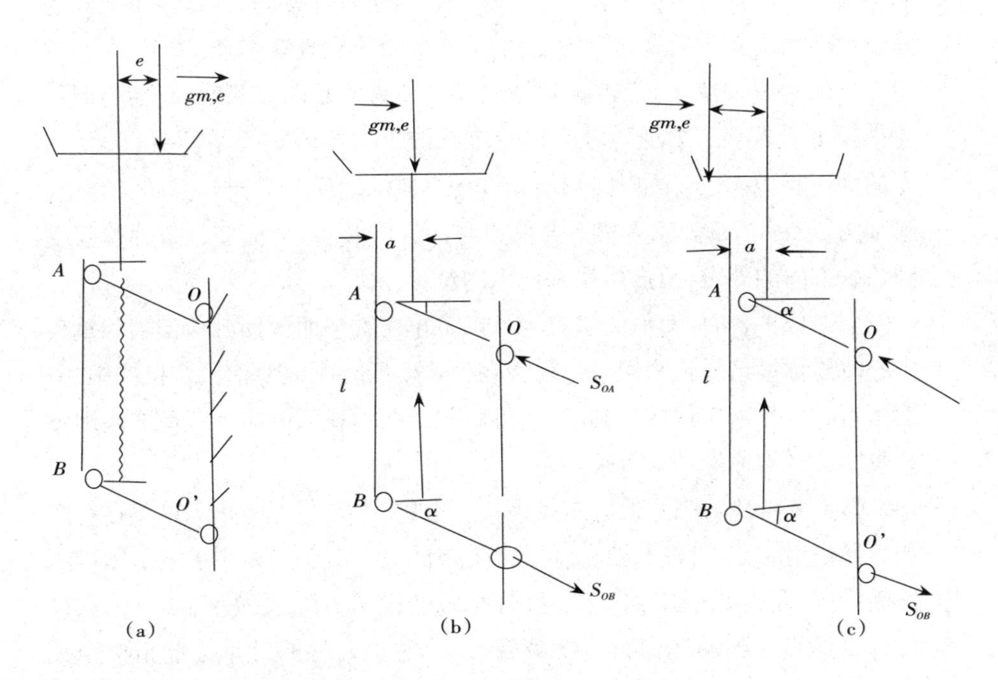

图8-3 弹簧度盘秤中罗伯威尔机构受力图

该四连杆机构与案秤中的四连杆机构有所不同,与通常使用的罗伯威尔机构也存在差异。该机构由上摆板、下摆板和承重架组成斜平行四边形机构,通过O点和O'点与机架相连。特别需要说明的是,上摆板为一块矩形板,在铅垂面方向有一定的尺寸。图8-3(a)所示为该构件向对称平面简化后得到的力学模型。上摆板A点与承重架上的两个吊耳相连,当被称物体迫使承重架向下移动时,承重架(即连杆)带动平行四边形机构逆进针方向转动一定的角度,而普通罗伯威尔机构的垂直杆只做上下铅垂方向的平动。

当被称物体的中心在距秤盘中心右侧e处时,承重杆除了受向下的重

力外，还承受顺时针方向的附加力偶的力偶矩 $M = gm_g e$ 的作用。这种情况下，若没有罗伯威尔机构，承重架势必向顺时针方向倾斜，那么计量弹簧不仅承受轴向力，还要受到侧向力作用，弹簧的稳定性变差，甚至被破坏，这是称量所不允许的。

有了与水平面成一定倾斜角度的罗伯威尔机构，当被称物体与弹簧的弹性力平衡时，附加力偶矩 M 被 O 点、O' 点约束反力所构成的约束反力偶所平衡。该力偶的方向如图 8-3(b)所示，为逆时针方向，使得承重架只有一个带动计量弹簧铅垂向下的运动，秤盘也就不会产生倾斜。

如图 8-3(c)所示，当被称物体放置于秤盘中心的左侧时，附加力偶的力偶矩 $M = gm_g e'$，为逆时针方向。重物的重力与弹簧力平衡时，O 点、O' 点的约束反力 S_{OA}、S_{OB} 如图 8-3(c)所示，组成的力偶为顺时针方向，恰好与附加力偶M相平衡，承重架不会向逆时针方向倾斜，从而使计量弹簧仅受到铅垂方向的外力，只产生铅垂向下的位移。

上述分析表明，罗伯威尔机构可以防止在其平面内因载荷偏离承重架中心时给称量结果带来误差。因为在弹簧度盘秤中的罗伯威尔机构中，上摆板由一矩形钢板构成，因此它还可以防止在垂直面方向因载荷偏离承重托盘中心时给称量结果带来误差。

弹簧度盘秤采用罗伯威尔机构特殊形式，主要是为防止承重架在有附加力偶作用时产生摆动，给称量结果带来误差。由于它采用了增加结构刚性的措施，足以承受附加力偶的作用力，使得承重架仅做垂直运动，从而使计量弹簧受到的侧向力干扰减到最小，对提高秤的计量性能指标至关重要。

第二节 模拟指示秤的检定

弹簧度盘秤的检定按照JJG13-2016《模拟指示秤检定规程》进行。[①]由于JJG13-2016《模拟指示秤检定规程》是多种秤的检定规程，因此对弹簧度盘秤的要求不太具体。本书依据JJG13-2016《模拟指示科检定规程》，

①张宇. 弹簧度盘秤的检定技术探讨[J]. 黑龙江科技信息，2015(32)：35.

对弹簧度盘秤提出具体要求。

一、技术要求

（一）标准

弹簧度盘秤应按照技术标准和批准的图纸制造，并按JJG13-2016《模拟指示秤检定规程》进行检定。

（二）标志

在秤的明显处应有下列标志：制造厂的名称和商标；准确度等级：普通准确度级，符号为Ⅲ；最大秤量（max）；最小秤量（min）；检定分度值（e）；制造许可证标志和编号。

这些标志应集中在明显易见的地方，标志在称量结果附近，固定于秤的一块铭牌上或在秤的一个部位上。标志的铭牌应加封，不破坏铭牌无法将其拆下。

（三）刀子和刀承

刀子的角度为60°～90°，刀刃应平直。刀子和杠杆的配合应牢固；支点、重点、力点的刀刃应互相平行，并垂直于杠杆的中心线；相同作用的刀刃应在同一直线上；V形刀承的夹角应不小于120°，内角角顶应磨圆；刀子与刀承必须为直线接触，其不接触部分不应超过刀承工作面部位长度的1/3，两端不应有缝隙。

（四）硬度

刀子的工作部位硬度为HRC58～62。

刀承的工作部位硬度为HRC62～66。

（五）度盘分度

1.分度值用d表示

d必须等于1×10^{k}kg或2×10^{k}kg或5×10^{k}kg（k为正、负整数）。

2.度盘刻线应清晰、等分

刻线的延长线应通过刻度盘中心，度盘应平整。

3.度盘相邻两刻线中心距离不应小于1.25 mm

度盘刻线宽度为分度间距的1/10～1/4且不应小于0.2 mm，刻线应不短于分度间距。主刻度线应标志量值和符号，度盘刻线宽度应相等。

（六）指针

指针顶端应处在最短刻线的中部位置上，指针端部宽度约等于度盘刻线的宽度；指针在转动过程中，其端部应平行于度盘平面；指针端部与度盘间的距离应不超过分度间距，且不大于3 mm。

（七）零部件

零部件应进行防锈处理。

（八）允许误差表

弹簧度盘秤的允许误差用检定分度值表示，检定分度值e与实际分度值d相等，即$e=d$。弹簧度盘秤的允许误差表见表8-3所示。

表8-3　弹簧度盘秤的允许误差

m（以检定分度值e表示）	最大允许误差（mpe）	
	首次检定、随后检定	使用中检验
$0 \leqslant m \leqslant 50$	±0.5e	±1.0e
$50 < m \leqslant 200$	±1.0e	±2.0e
$200 < m \leqslant 1000$	±1.5e	±3.0e

二、计量性能检定

（一）检定前的准备工作

1.检定设备

配备弹簧度盘秤最大秤量的M_1级标准砝码，而且砝码的配备应能满足弹簧度盘秤各检测点的需要。

配备测量允差用的M_1级克组砝码、稳固的平板、平台式案桌。

2.有关技术文件和检定印鉴

检定时应有JJG13-2016《模拟指示秤检定规程》文本、弹簧度盘秤计量性能检定记录表、检定证书（空白）、检定结果通知书（空白）、检定印鉴（钢印）。

3.合格的检定人员

从事具体计量检定工作的人员必须持有该项目的检定员证书。检定双面弹簧度盘秤时必须由两人同时检定。

4.检定环境应符合检定规程要求

弹簧度盘秤的检定通常是在常温下,即在-10℃~+40℃的范围内进行,但检定场所应避免气流和振动,夏天不能在电扇运转的条件下进行检定。

(二)一般性技术状态的检查

对弹簧度盘秤的一般性技术检查通常有以下几点:①各零部件坚固、完好,无外伤等缺陷,各部件安装到位、牢固,各零部件之间无碰撞靠擦阻碍等现象;②各零部件均应进行防锈处理,凡起刀与刀承作用的部件不涂油漆、不上防锈油和润滑油;③指针摆动自如,在360°范围内指针与度盘间距大致相等,约为3 mm,其指针端部宽度约等于度盘刻线宽度;④度盘刻线应清晰、等分、量值符号准确,相邻两刻线中心距离不小于1.25 mm,度盘刻线宽度不得大于分度间距的1/4;⑤秤的零位能调整,其调零范围不应大于最大秤量的4%;⑥每次称量,指针摆动时间不得超过5 s;⑦秤上应标明计量器具制造许可证及编号、秤的准确度等级符号、最大秤量、最小秤量、分度值、制造厂名称、出厂编号、出厂日期等。

(三)首次检定

在称量测试前,对弹簧度盘秤应进行一次预加最大秤量的测试。

1.加载前的置零测试

置零测试的目的是检验空秤时零位的变化情况,测试当秤的零部件发生相对位移后,对零位所产生的影响。

第一,旋转调零螺母,将指针调至零点位置;第二,按压承重盘,使示值不小于20%最大秤量;第三,连续试验3次,每次按压后,指针均应自动回到零点位置,若不能回零,重新调整置零。

2.称量测试

置零测试后允许使用调零螺母调整零位。从称量测试开始直至回检空秤为止,这期间不允许再使用调零螺母调整零位。

称量测试应在最小秤量到最大秤量范围内按由小到大的顺序加砝码至最大秤量,再用相同的方法卸砝码至零点。测试点至少应选定最小秤量、25%最大秤量、50%最大秤量、75%最大秤量和最大秤量,同时还必须

包括 $50e$ 和 $200e$ 的称量点。若该秤量已包括在选定的秤量中，则不再重复测试。

每个称量点测试时，秤上指示的示值应与承重盘上加放砝码的量值相等；若不相等，则在承重盘上加放或减去不大于允许误差绝对值的小砝码，秤应平衡。

例：有一最大秤量为4 kg的弹簧度盘秤，分度值为10 g，求其各检定点的量值。

解：由弹簧度盘秤的检定规程可知，其检定点有最小秤量、25%最大秤量、50%最大秤量、75%最大秤量和最大秤量，还同时必须包括50e和200e的称量点。

最小秤量点为10e，则

$$10 \times 10 = 100(\text{g}) = 0.1(\text{kg})$$

25%，50%和75%最大秤量点的量值分别为

$$4 \times 25\% = 1(\text{kg})$$

$$4 \times 50\% = 2(\text{kg})$$

$$4 \times 75\% = 3(\text{kg})$$

$50e$ 和 $200e$ 对应的量值为

$$50\text{e} = 50 \times 10 = 500(\text{g}) = 0.5(\text{kg})$$

$$200\text{e} = 200 \times 10 = 2\,000(\text{g}) = 2(\text{kg})$$

由以上可知，最大秤量为4 kg的弹簧度盘秤，在检定该秤的称量准确度时，至少应检定0.1kg，0.5kg，1kg，2kg，3kg，4kg。

3.偏载测试

使用质量大的砝码要比使用许多小砝码的组合效果好。若使用单一砝码，应放在区域中心位置；若使用小砝码组合，应均匀地分布在整个区域，避免不必要的叠放，也不可超出界线。偏载测试可在称量过程中进行。

用约等于1/3最大秤量的砝码，依次放在承重板1/4的位置上，进行偏载测试，指针指示应与加放砝码量值相等；若不相等，则在承重盘上增加或减去小砝码，其允差不得超过规程规定的允许误差。

4.鉴别力测试

鉴别力测试应分别在最小秤量、50%最大秤量和最大秤量处进行。

当弹簧度盘秤处于平衡状态时,在承重盘上轻缓加放或取下一个约等于相应秤量最大允许误差绝对值的附加砝码,此时指针应产生不小于7/10附加砝码的恒定位移。

5.重复性测试

分别在约50%最大秤量和接近最大秤量进行两组测试,每组至少重复测试3次。每次测试前,应将秤调至零点位置。对同一载荷,多次称量所得结果之差应不大于该秤量最大允许误差的绝对值。

(四)后续计量管理

1.随后检定

随后检定按首次检定的要求进行检查与测试。其中,重复性测试只在约50%最大秤量处进行。随后检定的最大允许误差执行首次检定的最大允许误差的两倍。

2.使用中检验

使用中检验按随后检定的要求进行,其最大允许误差应为首次检定的最大允许误差的两倍。

三、双面弹簧度盘秤的检定

对于双面弹簧度盘秤的计量性能检定,其方法与单面秤的检定方法相同。只不过在检定时,双面秤的A,B两面应同时进行,分别记录。在检定结果的判断时,除了要求每面计量示值误差不超过规程规定的允许误差外,还要求同一秤量A,B两面的示值间的差值不得大于允许误差的绝对值。

四、检定记录

检定记录的具体要求,请参阅AGT案秤相关部分的要求,这里不再重述。

弹簧度盘秤的检定是按照JJG13-2016《模拟指示秤检定规程》进行的,因此其检定记录应遵循模拟指示秤的检定记录。

五、检定结果处理和检定周期

将检定记录的数据与检定规程中各检定项目规定的允许误差逐一对照,全部项目都合格者判该秤合格;若其中一项不合格,则判该秤为不合格。

首次检定和随后检定合格的秤,应出具检定证书,加盖检定合格印或粘贴合格证,并注明施行首次检定和随后检定的日期以及随后检定的有效期,以证明该秤的计量性能合格。使用中检验合格的秤,其原检定证书仍保持不变。

首次检定和随后检定不合格的秤,发给检定结果通知书,不准出厂、销售和使用。使用中检验不合格的秤,不准使用。弹簧度盘秤的检定周期最长为1年,这是法定的最长周期。

第三节 模拟指示秤的使用与维护

一、弹簧度盘秤的装配

(一)铆合方面

连接架和承重架体,连接直角铁、斜角铁和双金属片,指针体和指针轴套等的铆合时,必须做到:主要部位的铆接应有工装保证,防止铆接后部件变形;铆接时应使用铁铆钉,铆接处应牢固,不得松动,结合处不得有空隙;铆接部件的中心线应尽量做到互相垂直,防止斜、偏等;双金属片和直、斜角铁铆合时,应注意不能将双金属片的铁面和镍面铆反。

(二)总装配顺序

1.单面弹簧度盘秤的总装配顺序

秤架—承重机构—调零机构—计量弹簧机构—刻度盘—指针—秤盘架—秤盘—压圈、面罩、铭牌—装限位螺钉及左右侧板(计量性能测试结束后)—写编号、打检定印(计量性能检定合格后)—包装。

2.双面弹簧度盘秤的总装配顺序

秤架—承重机构—齿轮机构—补偿机构—调零机构—刻度盘—指针—计量弹簧机构—秤盘架—秤盘—压圈、面罩、铭牌—装限位螺钉及左右侧板(计量性能测试结束后)—写编号、打检定印(计量性能检定合格后)—

包装。[①]

总体组装应做到水平、垂直、灵活、紧固、对称，即上、下摆板，中支架等和秤架体平行；T-25螺钉将连接架、直角铁同竖连杆相连接时，应注意竖连杆垂直，相互间有微量间隙；齿轮装置整体配合后，齿轮轴应转动自如，齿轮轴和齿轮板应保持垂直；长、中销轴装配后，应保证销轴活动自如，有一定的间隙，但轴向窜动不应太大；装配齿条限位时，不能使齿条和齿轮啮合得太紧，也不能过松；调零机构、齿轮机构、承重机构等放入秤架体内时应注意中心对称；调零螺母初始位置应适中；所有紧固螺丝必须拧紧、不得松动，必要时应加弹簧垫片；主关键部位，如杠杆孔与直角铁孔距应用工装保证等。

二、弹簧度盘秤的调试程序

弹簧度盘秤装配后的检查调试可归纳为对系统安装运行情况的检查和对系统计量性能的检查。

系统安装运行情况的检查：此项调试又称初步调试，主要是对弹簧度盘秤机械系统各零部件的安装运行情况做认真细致的检查调试。这项工作往往容易被人们忽视。但生产实践证明，做好此项工作，对下一步计量性能的调试工作将取得事半功倍的效果。

系统计量性能的检查：这一调试，是建立在完成上述系统安装运行检查调试基础之上的。它主要是按照国家计量检定规程的要求，对系统计量性能进行调试，使之满足计量检定规程所规定的指标，以保证弹簧度盘秤的准确性、灵敏性和示值不变性。

弹簧度盘秤在整机安装后要进行调试，大致分四个步骤：①首先调整计量弹簧有效圈数，使刻度盘一面（和没装微调装置的杠杆对应）的示值达到要求，调整时注意弹簧对称性；②再调节微调装置以使和其对应一面的刻度示值达到要求，此时可不去顾及先调好的一面，但调试不可再动计量弹簧；③必要时两面都可以适度地调动一下刻度盘；④等两面示值分别调试达到标准后，再将两面指针“0”对位固定，即可保证刻度两面示值同步。

①宋玉．弹簧度盘秤的装配调试、使用和故障排除[J]．黑龙江科技信息，2015(32)：32.

(一)单面弹簧度盘秤的调试方法

1.系统安装运行情况的调试

系统安装运行情况的调试,主要是观察各零部件的安装、配合和连接状况,检查各零部件的位置、方向是否正确,有无错装、倒装、反装及安装不正的状况;检查各零部件的运行情况,例如用手按动秤盘,观察指针摆动是否正常等。凡发现零部件安装不当的,应从水平、垂直、对称等角度去调整校准,例如竖连杆与连接直角铁的位置应适当,齿条上下运动时应依托在限位板一侧。空秤时,在秤盘上加放1个分度值的小砝码,指针的不变位移应不小于4/5分度间距。

2.偏载准确度的调试

在秤盘的前、后、左、右四个不同的位置加放约等于1/3最大秤量的砝码后,观察其示值误差,如图8-4所示。

对于左、右位置的示值误差,主要是计量弹簧的弹性力不一致造成的误差。由于计量弹簧的弹性力的大小与弹簧的有效圈数成反比,只要将两根计量弹簧的有效圈数调到一个合适的数值,即可使左右偏载达到规程要求的范围内,如图8-5所示。

对于前、后位置的示值误差,主要是由承重架支点距AA'与秤架调整座支点距离BB'不等(如图8-6所示),即该秤罗伯威尔机构不成平行四边形,导致上下摆板不平行所致,这种误差多见于单面弹簧度盘秤。其调整方法是:将调整座的紧固螺钉松开,调整B和B',使$BB'=AA'$,同时$AB=A'B'$。这样上下摆板相互平行,即可使前后偏载位置的示值误差满足规程规定的要求。

至于双面弹簧度盘秤的前后偏载误差,应在左右偏载一致的前提下调整,调整时可借助调整刻度盘的相对位置使前后偏载误差达到规程所规定的要求。

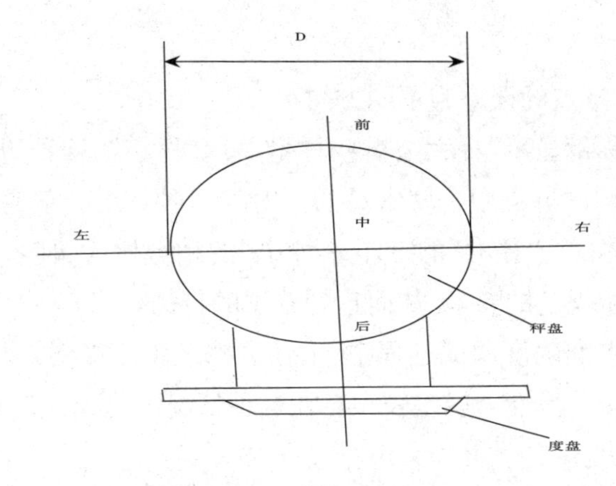

图8-4 偏载位置

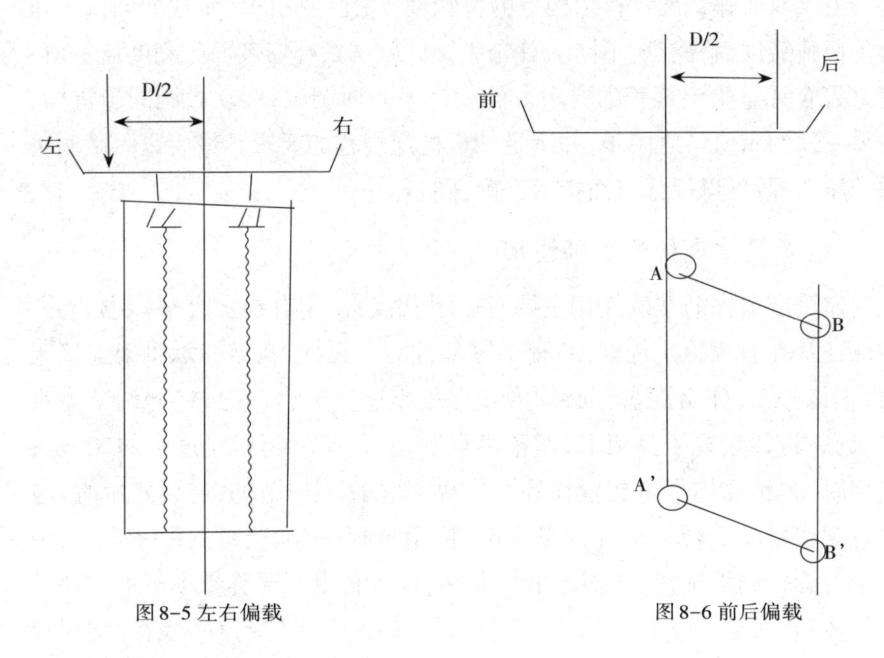

图8-5 左右偏载

图8-6 前后偏载

3.称量准确度的调试

按国家计量检定规程的要求,弹簧度盘秤在称量范围内,各检定点的示值误差应符合检定规程的要求。若检定点出现示值误差超过允差的情况,可分别按不同情况,采取不同的解决方法。

(1)示值虽然超出允差规定,但各称量点的误差均为同一方向

即示值均显示“秤大”或“秤小”,这时通过可调整计量弹簧的有效圈数

来解决。

(2)各称量点的误差为不同方向

即有些称量显示“秤大”,有些称量显示“秤小”,这种情况在弹簧度盘秤计量性能调试过程中是较常见的。对于这种情况一般是采取微微转动刻度盘的方法,使“秤大”的变小,“秤小”的稍微增大,使各称量点都能满足检定规程所规定的要求,从而达到调试的目的。

在称量点准确度调试过程中,上述方法若均不能奏效,其主要原因是两根计量弹簧的弹性力误差较大。在这种情况下,只有采用调换计量弹簧的方法来解决。

(二)双面弹簧度盘秤的调试方法

由于双面弹簧度盘秤结构上的特殊性,决定了它的计量性能调试工作与单面弹簧度盘秤有所不同。首先应调试微调摆杆安装面的刻度盘示值,使之符合计量检定规程的要求。然后换另一面调试,旋动微调同步机构,使另一面的示值与之同步,并满足计量检定规程的要求。最后紧固微调机构的压紧螺钉,以保证双面指示准确、同步。

三、弹簧度盘秤的正确使用

弹簧度盘秤的正确使用主要有以下几点:使用有检定合格标志的秤,并保证其在有效检定周期内;秤上零部件完好无损,盘架与承重架连接牢固,不得松动;弹簧度盘秤必须安置在平整坚实的台面上,将秤调整为水平状态;将秤盘置于盘架上,调整零点旋钮,使指针指示于度盘的“0”位;使用时,被称物体尽量放置在秤盘中央,切勿冲击、抛掷;连续使用时,应注意观察空秤零位以保证计量准确;使用过程中,除校对空秤零位外,中途不得旋转调零旋钮;不要超出最大秤量使用,也不要称量小于最小秤量的物体;称量后应将物体取下,以免弹簧秤处于长期受力的状态;出现故障或不正常状态应立即停止使用,请专门人员修理,不要随意拆卸;专人保管,定期进行检定,以维护国家和人民的利益。

四、常见故障与排除方法

(一)指针转动异常

指针转动不平稳、跳针,指针在行程中突然抖动或出现卡死现象。

1.故障产生原因

故障产生原因包括齿条上无限位;初始位置过高;齿条限位间隙大;指针弯曲变形;指针与字盘发生摩擦;齿轮松动;齿轮、齿条出现崩齿毛刺;齿轮和齿条磨损严重。

2.排除方法

排除方法包括安装上限位螺钉;调整初始位置;调整齿条限位间隙适中;拆下指针,平直、矫正,调整指针与字盘或修复距离为1~2 mm;固紧齿轮;清除毛刺或修复齿轮齿条,对不能修复的应更换新齿条;更换新齿轮或齿条。

(二)零位变动

调整指针在零点刻线时,分别按压承重盘3次,每次按压后,指针不能回到零点刻线位置。

1.故障产生原因

故障产生原因包括指针、承重框与连接架、补偿装置等的铆合松动;各零部件的相互作用不符合要求;紧固螺钉拧得不紧,有松动现象;销轴松动不灵活,摆板、中支架等处无间隙而造成阻尼。

2.排除方法

排除方法包括将指针、承重框与连接架、补偿装置等重新铆合,做到铆合处要牢固,不得松动;将各部件调整到位,使其符合要求;将紧固螺钉拧紧;消除销轴、摆板、中支架等的阻尼。

(三)两面零位有差异或不同步

1.故障产生原因

故障产生原因包括指针轴套和指针体铆合松动;刻度盘固定螺钉松动使盘面移动;微调装置中调节螺钉滑扣,限位螺钉不到位;中心对称性不好或一面有跳齿等。

2.排除方法

排除方法包括指针轴套和指针重新铆合紧;紧固刻度盘螺钉,使刻度盘不能移动;更换微调节螺钉或上微调装置;重新安装使中心对称,排除跳齿。

(四)示值先负后正或先正后负

1.故障产生原因

故障产生原因包括计量弹簧绕制不均匀,或两计量弹簧对称性差;齿轮偏心,齿轮加工的齿距有误差或齿形被破坏等。

2.排除方法

排除方法包括更换合格的计量弹簧;调整齿轮到同心,或换上合格的齿轮。

(五)回程误差

1.故障产生原因

故障产生原因包括计量弹簧绕制的间隙大,强度不够;因装配不符合要求,产生阻尼等。

2.排除方法

排除方法包括更换合格的计量弹簧;重新按技术要求装配。

(六)称量不准,误差大

1.故障产生原因

故障产生原因包括其中一根计量弹簧卡住或脱落;指针和刻度盘间隙有些地方小,有蹭齿现象;计量弹簧绕制不均匀或没有调整好。

2.排除方法

排除方法包括将脱落的计量弹簧重新装配;调整指针与刻度盘间隙均匀;重新调整计量弹簧或换上合格的计量弹簧。

(七)无法调零或称量

1.故障产生原因

故障产生原因包括计量弹簧脱落;销轴脱落;中支架固定螺钉松动;齿条弯曲脱离齿条限位。

2.排除方法

排除方法包括重新安装计量弹簧;安装销轴;紧固中支架固定螺钉;矫正、平直齿条或更换齿条,重新安装。

第九章 电子轨道衡

电子轨道衡是一种新型的铁路货车称重设备，分静态和动态、有基坑和无基坑等。大多数电子轨道衡为动态轨道衡，无基坑轨道衡为新型开发的产品。动态电子轨道衡又称自动轨道衡，它可以在列车运行中连续、快速地称出货车的质量，以数字形式显示和打印，并可以传输给微处理机，经集中处理后供综合管理和运营指挥之用。由于它的称量速度快、效率高，不仅可以减少车辆占用时间、提高车辆周转率，而且可以减少操作人员数量，减轻劳动强度。在保证准确度的前提下，动态电子轨道衡每称量一节车皮需要的时间最多不超过17 s，而静态机械轨道衡的称量速度最快的也需要2～3 min，两者相差近10倍。近几年来，电子轨道衡的应用有了较快的发展。

第一节 电子轨道衡的结构和工作原理

一、电子轨道衡的组成

电子轨道衡一般由引线轨、承重台面、称重传感器、称量显示控制仪表(或装置)等四大部分所组成。

(一)引线轨

引线轨铺设在承重台面两端，是承重台与铁路线路间的过渡轨道。它应平直，无坡道、弯道和岔道，道床刚性应优于一般运行铁路线路，钢轨纵横向的不水平度应小于1 mm，轨距允差应小于2 mm，当重车通过时，轨面标高变化应不大于0.2 mm，使计量列车通过引线轨后能平息掉列车在正常运行中所产生的振动和摇摆，平稳地通过轨道衡秤台。一般引线轨长度为25～50 m。

(二)承重台面

承重台面是承受列车及其载荷的机构,应具有足够的强度和刚度,能长期承受频繁的冲击,具有较好的稳定性。在称重时,台面下沉量不大于1 mm,且具有较好的自动复位能力,能克服列车通过时产生的水平位移。为了将台面承受的重量准确地传递给称重传感器,在传力过程中还应尽量减少各种摩擦和阻力。①

1.承重台面的结构形式

(1)支承式台面

支承式台面的台面系统主要依靠安装在基坑基础上的四个称重传感器上。四个称重传感器就是承重台面的支撑点。

这种形式的优点是结构简单,在重车作用下台面下沉量较小,对减振有利;缺点是称重传感器易受水平方向的冲击力,使作用力点改变而影响称重传感器的输出性能。为了减少水平方向的冲击力,在承重台上设置纵向和横向限位装置。纵向限位装置主要克服水平方向的冲击力,横向限位装置主要克服列车运行中的摇摆和蛇形,以此来保证承重台面处于正确位置和垂直状态,抵消水平力的作用及列车蛇形运动的影响。

(2)双层式台面

在双层式台面中,吊挂式双层结构,上层为主梁,下层为横梁;支承式双层结构,上层为整体结构的台面架,下层为主梁,上下层台面之间设有缓冲器,借助缓冲器的作用来消除水平力的影响以及列车蛇形运动带来的影响。在承重台面的上部铺有台面钢轨,并与引线轨相连接。在台面轨与引线轨之间设有过渡轨,过渡轨顶部纵向呈弧形,最高点高出轨面0.5 ~ 1.0 mm,最低点低于轨面0.5 ~ 1.0 mm。车轮由引线轨驶至过渡轨时,沿过渡轨缓慢下降,车轮逐渐过渡到台面轨上。其目的是列车由引线轨通向台面轨时减少冲击和振动,使其能平稳通过,以减少振动误差,提高称量精度。在称量台面下部与称重传感器接触的部位设有高度调整器,用来调整承重台面的高度和水平,使四个称重传感器受力均匀。

(3)非整体式台面

所谓非整体结构与整体结构,是指两根主梁各自独立还是连成整体。在非整体式与整体式台面结构中,整体式台面结构是一种静不定结构,四

①朱思维. 电子皮带秤的故障处理和精度控制[J]. 衡器,2013,42(10):32-38+51.

个称重传感器中总有一个受力比其他三个要小，甚至不受力，这对称重传感器受力状态的调整来说是有一定难度的，甚至会影响到电子轨道衡的准确度，因此有的采用非整体式台面结构。非整体式台面结构，是指台面的两根主梁相互独立，不构成一个整体，每根主梁分别坐落在两个称重传感器上，依靠限位装置与高度调整器分别调整各自的位置，使称重传感器受力均衡。

另外，承重台面的结构形式，还有吊挂式、单层式等。吊挂式台面的特点是承重台面的自动复位情况好，因此电子轨道衡的回零情况也好，但吊挂式结构较复杂，安装调整困难，台面下沉量大，振动大。单层式台面的指台面结构为单层形式。

2.承重台面的材料

承重台面大多数采用钢板或型钢焊接或铆接成框架式结构，以支承式为多，除此之外，还采用铸钢甚至钢筋混凝土结构。铸钢结构的特点是刚性好、变形小，但成本高、工时长、耗材多。钢筋混凝土结构的特点是取材方便，可就地加工，且自重大，有吸振功能，但表面粗糙不好加工，安装调整困难，因此应用不多。

3.承重台面的附属部件

(1)限位装置

限位装置有拉杆限位装置、拉板限位装置、钢球限位装置和轴承限位装置等多种形式。它们的一端固定在基坑或固定框架上，另一端控制主梁的位移。限位装置既要能限制台面纵向或横向水平方向的移动，同时对传送重力的影响又要极小。拉杆限位装置一般在台面的纵向和横向各装四根水平拉杆，它们的轴线与水平力作用线重合。这样，拉杆能承受很大的水平力，充分限制台面的水平位移。拉板限位装置在同样大小的截面下，其垂直方向的刚度更小，因此对称量精度的影响更小，它利用梯形销的斜度可以调整拉力。钢球或轴承限位装置内有调节螺杆，用以调整钢球或轴承与台面的间隙。

正确调整这些限位装置可以保证车轮通过台面时，台面沿纵向和横向的摆动幅度不大于0.5 m，甚至只有0.1 mm。

(2)高度与水平调整器

为调整承重台面的高度和水平，使四个称重传感器均匀受力，台面系统应包括高度和水平调整器。一支承式台面高度和水平调整器,它与单向推力球轴承缓冲器承接在一起,一方面能调节台面的水平和高度,另一方面借助轴承内钢球沿轴承径向微小的自由滚动,可部分消除由于台面摆动而产生的水平分力,在台面上有0.5 mm位移时,不会有过大的水平分力作用到称重传感器上,因此有利于减少误差,提高称量精度。

除限位装置、高度与水平调整器外,承重台面的附属部件还有休止装置、安全装置等;有的电子轨道衡承重台面还带有自检、自核、自动加载装置,以解决日常的检查校准问题,保证电子轨道衡的完好和计量准确度;有的还设计成浅基坑式或无基坑式承重台面等,将整个承重台面集中在生产厂家安装调整好,以整体吊装方式来缩短现场安装调试时间,降低土建工程造价,以此求得工期短、速度快、质量高、效果好、造价低。

(三)称重传感器

称重传感器是电子轨道衡的称重元件,从某种程度上说,称重传感器的性能决定了电子轨道衡的精度。电子轨道衡使用的称重传感器要求线性好、滞后小、重复性好、温度影响小、输出信号大、频率响应快、沿载荷方向变形小,而且还要具有抗侧向力的能力等。

电子轨道衡用的称重传感器结构有剪切悬臂梁式、轮辐式和中空柱式,也有板环式、S形式等。有时为了减少温度影响,提高称量精度,还把称重传感器置于恒温槽中,或为了提高抗腐能力,采用全密封结构,并充入惰性气体。

(四)称量显示控制仪表

称量显示控制仪表一般包括调零装置、前置放大器、低通滤波器、A/D转换器、运算器、逻辑控制电路、显示器、记录器等。调零装置可将称重传感器的输出和承重台面的自重作皮重自动扣除,前置放大器将称重传感器的输出信号放大,再经低通滤波器滤除噪声和振动,A/D转换器将输入模拟信号转换成数字信号,然后进行运算处理,得出的结果在显示器上直接显示出来,记录器同时记录下称量结果。

电子动态轨道衡除上述几个部分外,还须有一套完善的逻辑控制系统。一般逻辑控制系统的信号,是从设置于台面和接近台面引线轨附近的轨道开关(光电开关或接近开关)开始向全系统各部分发送指令,以完成电子轨道衡全部称量和计算功能，逻辑控制系统包括轨道开关、测速电路和各种控制电路。

利用轨道开关的信号识别列车方向，识别称量车辆和非称量车辆（机车、煤水车、守车等），识别各节车厢，识别同一车辆前后转向架，识别同一转向架的两根车轴，从而控制整个测量系统，同时测定列车通过台面称量时的行车速度。当超出规定速度时自动报警，发出声光信号并在记录器的数据上做出标志。当确认被称量车辆到达台面指定部位时发出采样（计量）指令，适时进行采样和数据处理。当一节车厢全部通过台面后发出显示和打印指令，当一列车全部通过秤台可显示出一列车的累计质量，记录器根据数据处理的指令控制打印表格，可记录称量日期、时间、车号、轴质量、转向架质量、车质量、整列车质量、净质量等。需要时还可采用闭路电视遥控遥测，自动识别和记录车序号、车辆号，对超载和严重偏载的车或轴自动做出标志。

目前，动态电子轨道衡已应用微机作为主控单元，以集成电路代替了分立元件，以软件程序来完成判断（识别）和数据处理，使之功能齐全、体积缩小、故障降低，可靠性大大提高。

二、电子轨道衡的工作原理

进入承重台的重量传递到称重传感器，传感器由此产生的电压信号送入模拟量通道，车辆的判别（开关量）信号也同时将信号送入开关量通道，判别信号经整形后直接送入微机主机，重量信号经放大、滤波、模数转换后经接口电路送入微机主机。在控制软件的控制下，对承重台面的重量信号进行跟踪、查询、处理，并根据进入的车辆状态进行判别，对质量值的数据进行采集和处理，从而得出各节车的质量，由显示器显示。

我国铁路车辆的结构形式一般如下所述。承载车体的车架坐落在前后两个转向架上，每个转向架有两根车轴对应两组车轮，整个车辆的质量，可通过计量4根车轴上的4对（8个）车轮传递到钢轨上的压力来实现。由此，电子轨道衡的计量方法有轴计量、转向架计量和整车计量等多种形式。其中，轴计量方法由于其台面短、制造安装简便、适应性强，最简单易行。

(一)轴计量方法

如图9-1所示,采用轴计量方法的电子轨道衡,每次称量一根车轴对应一组车轮的质量,然后将每节车辆4根车轴对应的4组车轮的质量相加起来,得到每节车辆的质量。

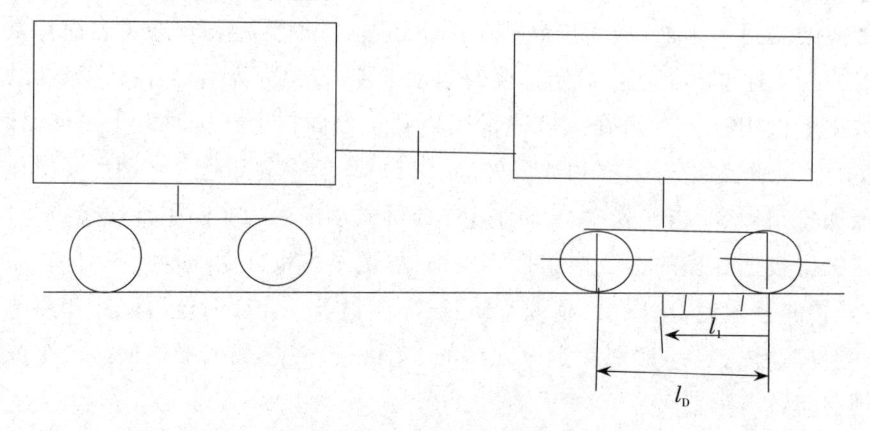

图9-1　轴计量电子轨道衡台面长度尺寸示意图

采用轴计量方法,在轨道衡台面上只允许容纳一根车轴的一组车轮,不允许同时容纳两组车轮。因此轴计量电子轨道衡的台面长度应满足$L_1 < L_D$。

为了得到最长的动态称量时间,可选用

$$L_1 \leqslant L_D$$

根据有关资料统计,轴计量方法电子轨道衡台面长度为1.4 m。

(二)转向架计量方法

如图9-2所示,采用转向架计量方法的电子轨道衡,每次称量1个转向架对应2组车轮的质量,然后将每节车辆前后2个转向架对应4组车轮的质量相加起来,得到每节车辆的质量。采用转向架方法,在电子轨道衡台面上一次只允许容纳1个转向架对应的2组车轮,不允许相邻转向架的车轮同时进入台面。因此,转向架计量电子轨道衡的台面长度应满足

$$L_D < L_2 < L_{9D}$$

$$L_{9D} = L_D + L_S + L_{S1},$$

式中:L_S为被称车辆钩舌距L_A与全轴距L_B之差的一半;L_{S1}为相邻车辆钩舌距L_A与全轴距L_B之差的一半。

为了得到最长的动态称量时间,可选用$L_2 \leqslant (L_D + L_S + L_{S1})_{max}$。

根据有关资料统计，转向计量方法的电子轨道衡台面长度选用3.6 m，对上述车辆总数的99.9%可过衡称量，只有极个别K型车（占车辆总数的0.01%）不能过衡称量。由此可见，转向架计量电子轨道衡台面长度选用3.6 m是合适的。

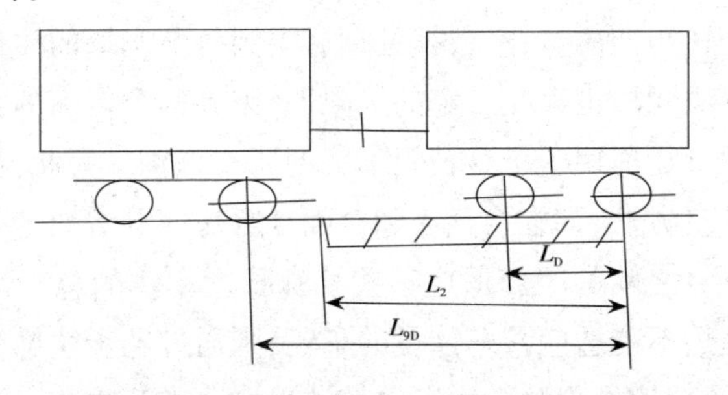

图9-2 转向架计量电子轨道衡台面示意图

（三）整车计量方法

整车计量方法的电子轨道衡（如图9-3）每次称量一节车辆的质量。用整车计量方法的电子轨道衡的台面长度（4）应满足：$L_g < L_3 < (L_A + L_{S1} + L_{S2})$。式中：$L_A$为车辆的钩舌距，即车辆总长度；$L_g$为车辆的全轴距，即车辆前后轮之间的距离；$L_{S1}$,$L_{S2}$为前后相邻车辆距离（$L_A - L_B$）的1/2。

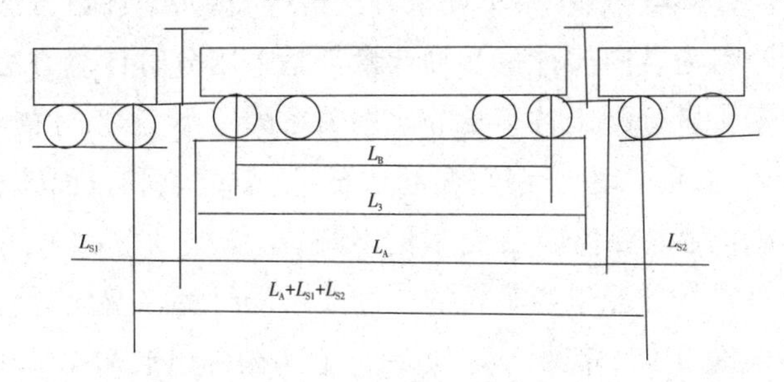

图9-3 整车计量电子轨道衡台面长度尺寸示意图

整车计量方法适用于车型单一的厂矿专用线上。由于车辆品种繁多，规格不一，车身长短差别很大，设在铁路站场的电子轨道衡台面很难满足各种不同车身长度的车辆在联挂情况下的动态称量。这是因为它既要能使最长车辆的前后两个转向架的四组车轮全部落在台面上，又要考虑在称量最短车辆时，其前后联挂车辆的车轮不能同时进入台面。按照目前衡器标准化设计，100 t轨道衡台面长度为13 m，在车辆联挂动态称量时，只有75.17%的车辆能过衡称量，加之台面的跨度大，要满足上述诸多要求确实困难很多。因此,动态电子轨道衡整车计量时,一般不采用一个整体台面的结构形式,而采用双台面甚至三台面的组合结构来实现整车计量。

双台面整车计量方法适用于转向架计量的两个台面,将它们安排在适当的位置上,使车辆的前后两个转向架同时分别落在两个台面上,在同一瞬间称得两个转向架质量,经数据处理后得到每节车辆的质量。但是双台面整车计量方法同样也存在一定的局限性,因为两个台面的长度与相互间的距离安排不可能适用于车身长短不一的所有车辆。为此,在某些方案中采用三台面计量方法,即在台面A和台面B的基础上增加台面C,使台面C的长度与台面B之间的距离适应某些特殊长度车辆的整车计量。对于个别特长或特短仍不能适应整车计量的车辆,则通过电子轨道衡逻辑控制系统的鉴别,自动地切换为单台面转向架计量方法来解决。

以上三种计量方法各有优缺点。

从承重台面结构形式来看,轴计量方法最简单易行,台面短、耗材少、加工容易、安装方便、适应性强,我国常用的92种轴车辆均可过衡计量。转向架计量方式次之。整车计量方法的双台面、三台面结构最为复杂,而且适应性也差。

从提高称量精度来看,整车计量方法最好,转向架计量方法次之,轴计量方式最差。因为转向架计量和轴计量都是采用分解计量方法,只有在称量过程中货车质量分配于各车轮的比例关系固定不变时,才能保证称量结果的正确性。实际上,由于钢轨面起伏不平,引道轨和台面轨在重载下弹性下降,车钩作用力变化以及受车轮不圆、车体振动等因素的影响,在称量过程中货车质量分配于各车轮的比例关系随时都在变化,使不同瞬间称得的结果不完全相同,带来一定误差。尤其在称量装载液态物质的罐车时,由于车体的振动,使罐内波面晃动,引起各车轴的质量分布随时都在变化,这就有可能造成较大的称量误差。因此,倘若要准确地称量每节车的质量,则整体计量是最好的方法。

通过以上分析,用户应根据各自具体需要选择合适的计量方法,做到经济合理、简单易行。

第二节 电子轨道衡的检定

一、技术要求

(一)动态电子轨道衡的准确度等级

OIML制定的国际建议对动态电子轨道衡分为4个准确度等级，分别是0.2级、0.5级、1.0级和2.0级，它们的等级标志符号分别为(0.2)(0.5)(1.0)(2.0)。

我国参照OIML的国际建议对动态电子轨道衡也分为4个准确度等级，但在规程中只规定了(0.2)和(0.5)两个准确度等级。

(二)一般要求

电子轨道衡应按有关标准和图纸制造，并应符合电子轨道衡计量检定规程的各项要求。①电子轨道衡的适应环境：温度为-10°C ~ +40°C；相对湿度<90%；电源为220 V，波动范围为-15% ~ +10%；频率为50(1±2%)Hz。在电子轨道衡的明显处各项标志应清晰、完整，并备有盖检定印记的部位。

(三)分度值和允许误差

动态电子轨道衡有(0.2)级和(0.5)级两种。(0.2)级的分度值(e)为50 kg，(0.5)级的为100 kg。静态电子轨道衡的允许误差符合非自动衡器三级秤的规定。动态电子轨道衡静态称量检定时，允许误差应符合表9-1中的规定。动态电子轨道衡动态称量允许误差应符合表9-2中的规定。

①安爱民，王平，钱悦磊. JJG781-2019《数字指示轨道衡检定规程》解读[J]. 中国计量，2021(02):130-135.

表9-1 动态电子轨道衡静态检定允许误差

称量 m	允许误差
$m=0$	$\pm0.5e$
$0 < m \leqslant 500$	$\pm1.0e$
$500 < m \leqslant 2000$	$\pm2.0e$
$2000 < m$	$\pm3.0e$

表9-2 动态电子轨道衡动态检定允许误差

称量 m	允许误差	
	0.2级	0.5级
$m=0$	$\pm0.5e$	$\pm0.5e$
$0 < m \leqslant 500$	$\pm2.0e$	$\pm2.0e$
$500 < m \leqslant 2000$	$\pm3.0e$	$\pm4.0e$
$2000 < m$	$\pm4.0e$	$\pm6.0e$

（四）秤台

秤台应强度大、刚性好、结构稳定可靠，无明显缺陷；承重梁在最大安全载荷下不得发生永久变形，其微小弯曲不得影响电子轨道衡的计量性能；秤台与基坑边框之间应有10～15 mm的间隙，在称量过程中不得靠擦；秤台限位器调整方便、稳定可靠，并不得影响电子轨道衡的计量性能。

（五）称量显示控制仪表

称量显示控制仪表应符合国家标准与计量检定规定的要求；显示分度值（e）等于下列之一（kg）：1，2，5，10，20，50；显示器显示的数字符号字迹清晰完整；仪表布线整齐，各接插件连接应牢固，接触良好，各开关、按键、旋钮操作灵活，动作正常，安全可靠；称量显示控制仪表设有自动调零或零点跟踪功能。

（六）打印机

打印字迹清晰完整，打印值与显示值相一致，并应使用法定计量单位和符号。

（七）称重传感器

称重传感器应符合国家标准与计量检定规程的要求；称重传感器上下连接部分应牢固、稳定、安全、可靠。

（八）基础与引道

基础与引道必须严格按图施工；基础与引道不得有裂纹、蜂窝、剥落等影响强度的缺陷；秤台两端应有25 m以上平直引道，并各有不少于一列车辆长度的整体道床；台面轨与引道轨之间必须设有2 m以上长度的防爬轨；台面轨与防爬轨之间应有轨道过渡器相连；台面轨与防爬轨之间应有10～15 mm间隙，防爬轨不得低于台面轨，两者之间高度差不大于1 mm，错牙不大于2 mm；有基坑的电子轨道衡应有排水和照明设施；秤房设置应合理，便于观察来往车辆，并能监视称量情况；司秤房两端设有明显的限速标志。

（九）其他

电子轨道衡设有超载报警功能与超速报警和指示功能；电子轨道衡最大安全载荷为秤台最大称量的120%。

二、一般技术状态的检查

电子轨道衡在计量性能检定前，应按技术要求进行一般技术状态的检查。主要包括：仪表外观是否完好无损、无明显缺陷；各零部件安装是否牢固，无松动、脱落等现象；布线是否整齐完好，接插件连接是否牢固，接触是否良好；各开关、旋钮、按键功能是否正常、操作方便、灵活可靠；打印机的打印值与显示值是否一致，是否正确使用法定计量单位和符号；秤台与基坑边框之间间隙是否符合要求；台面轨与引线轨之间的防爬轨长度是否符合要求；防爬轨与台面轨之间位置是否正确，高差、错牙是否符合要求；秤台两端平直引道是否符合要求；秤台两端是否有明显的限速标志；秤房是否设置合理，便于观望，并能监视称量情况；引道是否有裂纹、剥落、蜂窝等影响强度的缺陷；双台面电子轨道衡的两台面是否处于同一平面上；有基坑的电子轨道衡是否有排水设施和照明设施；电子轨道衡秤体明显处上的标志是否完整、正确;使用中的电子轨道衡是否有检定标志与证书。

三、动态电子轨道衡计量性能的检定

(一)检定条件

1.检定用标准器

由T_{6D}型检衡车组成的动态检衡车列(每辆车的相对误差小于0.02%)和公斤组成的M_1级标准砝码。T_{6D}型检衡车列,每一列共5辆车,其质量值与称量误差见表9-3。

表9-3　T_{6D}型检衡车的质量与误差要求

型号	名义质量/t	上限/t	下限/t	称量误差不超过
$T_{6D}-20$	20	23.000	20.000	$\pm2\times10^{-4}$
$T_{6D}-40$	40	40.000	39.000	$\pm2\times10^{-4}$
$T_{6D}-60$	60	61.000	59.000	$\pm2\times10^{-4}$
$T_{6D}-80$	80	80.000	79.000	$\pm2\times10^{-4}$
$T_{6D}-100$	100	98.000	95.000	$\pm2\times10^{-4}$

表中的上限和下限是考虑到配重方便所允许的名义值波动,一旦配重确定后,则必须达到$\pm2\times10^{-4}$以上的称重精度。

T_{6D}型检衡车的主要规格与部件如下。轴数为4轴;构造速度为100 km/h;转向架为新转8B转向架;轴承为17726T型滚动轴承;车钩为13号钩(车钩中心线距轨面880 mm);轴距为750 mm;心盘中心距为8 700 mm;底架长为12 500 mm;T_{6D}型检衡车的装载物为2 t与1 t标准砝码。

2.检定环境

检定环境与供电电源要符合技术要求。

(二)检定项目与检定方法

1.空秤变动性检定

将检衡车列以最大允许速度往返通过秤台3次,对新安装的电子动态轨道检衡并在台面上刹车制动,观察空秤示值变化。空秤检定后允许调整零位。

2.静态称量检定

用质量相当于20%最大秤量、60%最大秤量、100%最大秤量的3辆标准车，进行不联挂静态称量检定。每辆标准车均应往返各检定5次，称量位置可以在台面上的任何位置；通过台面之前应记录零点示值1次，共记录零点示值10次。

轴计量电子动态轨道衡，以四轴依次称量值之和为整车质量；转向架计量电子动态轨道衡，以前后两转向架依次称量值之和为整车质量。

3.鉴别力检定

进行静态称量检定时，在秤台上加放或取下相当于台面额定最大载荷0.04%的砝码，其示值应有大于台面额定最大载荷0.02%的变化；轴计量动态电子轨道衡，台面额定最大载荷规定为1/4最大秤量；转向架计量动态电子轨道衡，台面额定最大载荷规定为1/2最大秤量

对空秤、20%最大秤量、60%最大秤量、100%最大秤量4个称量点各进行1次检定，检定后不得进行调整。

4.动态称量检定

以质量相当于20%最大秤量、40%最大秤量、60%最大秤量、80%最大秤量、100%最大秤量的5辆标准车，按以下两种编组联挂成检定车列。

a组：机车—100%最大秤量—40%最大秤量—80%最大秤量—60%最大秤量—20%最大秤量。

b组：机车—60%最大秤量—80%最大秤量—40%最大秤量—100%最大秤量—20%最大秤量。

检定车列由机车牵引，以额定速度推拉通过台面各10次，记录每辆车的质量示值，两种编组推拉各称量10次，每个称量组均经过40次检定。

5.结果打印

具备打印装置的电子动态轨道衡，在整个检定过程中打印值必须与显示值一致。整个检定过程中，电子动态轨道衡各部分工作正常，如有异常情况出现，做不合格处理，待修理后重新检定。

（三）检定结果处理

检定数据按允差表中规定项目分别进行计算，求出标准值的差值，取同一秤量点所有差值中绝对值最大值为该秤量点的极限误差；检定中，各秤量点的极限误差不大于允差表规定数值时，为检定合格；检定合格的动

态电子轨道衡，发给检定合格证书；检定不合格的动态电子轨道衡发给检定结果通知书，并不准使用；检定不合格的动态电子轨道衡，经修复或调整后，必须从头开始重新检定，检定合格后方准使用。

（四）检定周期

动态电子轨道衡的检定周期，根据使用与维护情况而定，一般为半年至1年；新安装的动态电子轨道衡第一个检定周期为半年。

第三节 电子轨道衡的安装、使用与维护

一、电子轨道衡安装位置的选择

电子轨道衡是一种现代化的大型计量设备，其种类繁多，规格不一，投资多，若选用不当，不但会造成浪费，而且不能达到使用目的。为此须根据使用的需要，主要应根据被称货物的价值来选择，以称量任务的多少、常用称量的大小等来选择相当准确度最大秤量和功能的电子轨道衡。

电子轨道衡安装位置选择的原则[①]：电子轨道衡两端应有不少于25 m长度的平直通道，引线轨的水平度小于0.1%，且不得有岔道、坡道、弯道；引线轨最好为整体道床；坑基和引线轨部分的地面耐压力不小于25 t/m；基坑位置的上下、前后不得有排水管道、电缆管道、煤气管道或其他障碍物；电子轨道衡不得安装于洼地，安装现场应有良好的排水设施；电子轨道衡安装位置应避开高压线和变电所，应安装在车流量少的股道。

二、电子轨道衡的正确使用

电子轨道衡应由专人使用和管理。使用管理人员应了解所使用电子轨道衡的原理结构和功能，掌握操作使用方法和故障应急处理办法。在使用过程中应注意如下事项：电子轨道衡安装、调试完毕必须经轨道衡计量站检定合格，取得计量检定证书后，方可投入使用；而后还要按时进行周期检定，确保在检定证书有效期内使用；使用前，应注意检查秤台是否灵活，各配套仪器相互连接是否正确，接插件是否牢固，电源电压是否符合

①夏淇. 动态电子轨道衡系统分析与实现[J]. 科技创新与应用，2021(05):90-92+96.

规定要求；使用前，称量显示控制仪表与称重传感器应有足够的预热时间，带恒温装置的传感器应保证长期通电；计量列车和装载物之和不得超过轨道衡的最大称量；计量列车通过秤台时必须按照规定速度匀速运行通过秤台，一般不得在秤台上加速和制动，非计量列车不得通过秤台；每次计量列车通过后，应及时检查称重显示控制仪表回零情况，确认称量数据，并将打印记录整理好；使用中发现电子轨道衡有异常或失准现象，应立即停止使用，切断电源并及时通知检修人员检查修理，不得自行随意拆卸，以免发生意外；修复后，应经检定合格后再使用；带有自检自校系统的电子轨道衡，每天应进行一次自检自核工作，以期减少误差，保证称量精度；电子轨道衡使用完毕，应将开关旋钮拨至关闭位置，并切断电源。

三、电子轨道衡的维护保养

电子轨道衡是一种现代化大型计量设备，应配备专职司秤员，并经培训后方可上岗；操作时应严格按照操作规程进行，不得随意摆弄仪表开关、按键和接插件等，以免损坏机件；必须经常（每班）清扫秤台和各零部件上的灰尘、泥土等杂物，秤台四周与基坑之间不得有异物卡人，保持秤台灵活；经常（每天）检查并紧固秤体与引道轨各连接零部件，防止松脱，特别是经常检查和调整过渡轨与引道轨，保证其相接部位能平稳过渡，并不出现靠擦现象；经常保持秤台的高度和水平，控制秤台的水平位移量，保证台面不产生过大的下沉；保持限位装置的清洁、润滑，对其定期检查和调整，保证其处在正常位置和良好的工作状态，既控制秤台水平位移，又不影响称量的灵敏度与准确度；基坑应常年保持清洁和干燥，不得有污泥及其他杂物；每天清扫、检查、擦拭和调整轨道开关光电开关、接近开关，使其处于正常和可靠的工作状态；应使仪表和称重传感器每次使用前有足够的预热时间，使用完毕后处于关闭状态，要及时切断电源，带有休止装置的应能正常发挥作用；若称量腐蚀性物体时，应在每次称量后及时将散落物清理擦拭干净，以保持清洁，防止腐蚀损伤零部件；定期进行计量性能的检定，检定周期最长不超过1年，并保证在有效期内使用。

第十章 重力式自动装料衡器

第一节 重力式自动装料衡器的结构和工作原理

一、重力式自动装料衡器介绍

重力式自动装料衡器正在越来越多的领域里得到应用,正越来越多地接近我们的生活,通过它自动定量称量包装后的产品,就可以直接销售到用户的手中使用。过去定量包装秤大多采用杠杆式机械秤称量,以人工操作放料,劳动强度大,计量精度低,重量显示不直观,可靠性差,包装速度慢,落后的包装模式已经不适应工艺生产进度的要求。近年来,随着称量技术不断发展,现今的重力式自动装料衡器的性能也越来越稳定可靠,目前,在工业生产中已起着越来越重要的作用。它的性能好坏直接影响到企业的经济效益,因此熟练掌握重力式自动装料衡器的维修保养知识对于企业来说是十分迫切和必要的[①]。

二、重力式自动装料衡器结构组成及工作原理

重力式自动装料衡器(以下简称装料衡器)作为一种自动化称重计量设备,不仅包装速度快,而且计量的精确度高,主要用于颗粒物料以及粉状物料的定量称重包装。装料衡器的结构主要是由秤架、存料斗、给料机构、秤量斗(或秤台)、称重传感器、称重控制显示器、可编程序控制器、电器控制机构、气动执行机构、落料斗、夹袋机构上的夹袋装置或灌装机构以及包装输送装置等部分组成。称重控制器和可编程序控制器都是采用微电脑处理器的智能化仪表,称重控制器对称量信号采集和处理,可编程序控制器则协调和控制整个装料衡器系统进行有序的运行。

装料衡器的工作原理:当装料衡器接通电源,打开操作开关,发出操作

---

①王威.重力式自动装料衡器的工作原理和常见故障处理[J].衡器,2019,48(12):49-50.

指令后(或产生放料完毕信号),若此时秤量斗(或秤台)是空的,则称重显示控制器就产生一个空秤信号,可编程序控制器接收到这个空秤信号后,就向称重显示控制器发出启动指令,称重显示控制器发出粗、细进料信号,控制气缸动作打开进料门,开始粗给料进程;当物料进入秤量斗(或秤台)达到称重显示控制器设定的粗给料点时,粗给料电磁阀关闭,进料转为细给料进程;随着物料不断进入秤量斗(或秤台),达到称重显示控制器设定的细给料点时,细给料电磁阀关闭,细给料进程结束,人工将装物料的袋子套上并夹牢,秤量斗门自动打开,将物料排放出来后由输送装置送去缝包,这样一次称量过程完成。

第二节 重力式自动装料衡器的检定

型式评价是通过对某种型式的衡器样机的试验和检查,从而确定该型式衡器的计量性能,是对衡器型式的一种确认。检定就是对每一台要投入使用或在用衡器的一种确认,使用中检验是使用中衡器的一种监督性检验。检定是为了查明和确认衡器是否符合法定的要求而进行的一系列程序,包括检查、加标记和出具检定证书。检定分为首次检定和后续检定,首次检定是对未曾检定过的衡器所进行的一种检定;后续检定是首次检定后的任何一种检定,包括周期检定、修理后检定、有效期内的检定。使用中检验是为检查衡器的检定标记或检定证书是否有效、保护标记是否被损坏、衡器的计量特征是否被改动,以及其示值是否超差的一种检查。

自动装料衡器的检定主要是使用准确度较高的静态衡器(控制衡器)对自动装料衡器已称量好的装料再进行称量,将静态衡器称量出的示值作为装料质量的约定真值,判断自动装料衡器的示值是否准确[①]。

一、检定条件

自动装料衡器的检定条件包括使用的标准器具(控制衡器)的准确度、被称物料的性质秤量点与参数的选择、装料次数、衡器功能的设置检定方法、装料质量的测定与计算的方法这些内容。

---

①赵文涛. 自动装料衡器的检定和使用中检验[J]. 黑龙江科技信息,2016(13):27.

（一）物料检定使用的控制衡器和用于控制目的的控制装置

若控制衡器或控制装置是在物料检定之前立即校准或检定的，应保证其误差不大于自动称量的最大允许偏差和最大允许预设值误差（若适用）的1/3。其他情况下，应保证其误差不大于自动称量的最大允许偏差和最大允许预设值误差（若适用）的1/5。

物料检定是对自动装料衡器已装料好的物料放在静态衡器上再进行的称量，这个静态衡器我们称之为控制衡器，在控制衡器测得的示值就是装料质量的约定真值。这个静态衡器就是自动装料衡器检定的标准装置，要求控制衡器必须有较高的准确度。

对控制衡器的要求有两种情况：①若控制衡器是在物料检定之前立即校准的或者立即检定的，那么控制衡器的误差应保证不大于自动装料衡器的自动称量最大允许偏差和最大允许预设值误差的1/3；②若控制衡器不是在物料检定之前立即校准或检定的，而是在检定的有效期之内，那么控制衡器的误差应保证不大于自动称量的最大允许偏差和最大允许预设值误差的1/5。

若控制衡器不是与自动装料衡器在一体的，而是与自动装料衡器相分离的，那么这个控制衡器就是分离控制衡器，使用分离控制衡器进行检定的方法称为分离检定法。若被测自动装料衡器配备了一种专门为确定装料质量的约定真值而设计的指示装置，或者是一种可以用小砝码确定自动装料衡器示值的化整误差的指示装置，这个装置就是用于控制目的的控制装置，使用集成控制衡器进行检定的方法称为集成检定法。分离检定法和集成检定法的扩展不确定度不应大于被测衡器最大允许误差的1/3。

通常对于装料质量相对较小的自动装料衡器，多数采用分离检定法；对于装料质量相对较大的自动装料衡器，由于装料的搬运困难可以采用集成检定法。

（二）物料检定使用的物料

因为自动装料衡器检定的主要内容是进行物料试验，所以使用什么物料进行检定是十分重要的，由于物料性质存在着状态、流动性、颗粒大小、比重等特性，这直接影响到自动装料衡器的准确度等级的确定、装料质量、称量速率和使用场合，所以检定时的物料选择应按检定规程进行。首次检定使用的物料应是该种型式的自动装料衡器设计预期称量的物料，后续检定必须使用实际使用物料进行,使用中检验应使用实际使用物料进行。

(三)物料检定的秤量与参数的选择

第一,物料检定应使用最大秤量(最大装料)或接近最大秤量(最大装料)的载荷,以及最小秤量(最小装料)或接近最小秤量(最小装料)的载荷(装料)进行。

第二,累加衡器应按上述要求,采用每次装料最多实际载荷数以及每次装料最少载荷数进行试验;组合衡器应按上述要求,采用要求每次装料平均(或最佳)载荷数进行试验。

第三,如果最小秤量(最小装料)小于最大秤量(最大装料)的1/3,还应在接近载荷称量范围(装料范围)的中心再进行一次物料试验。其最好在一个接近、但不要超出100 g,300 g,1 000 g或15 000 g的值上进行。

第四,为保证计量完整性,检定应采用可调参数在临界值上进行。例如将最终给料时间或称量速率调整到制造厂家文字说明和说明性标志中允许的最苛刻的条件。

在对自动装料衡器进行物料检定时,尤其是在首次检定时,必须选择自动装料衡器说明性标志中规定的最大装料范围进行检定,并将自动装料衡器的参数调整到最为严酷的条件。具体的方法如下。

物料检定时,应选择自动装料衡器的最大装料和最小装料进行,如果选择最大装料和最小装料进行检定是难以实现的,可以选择接近最大装料和接近最小装料的装料进行物料检定。由于多载荷衡器最大装料和称重单元的最大秤量是不同的,多载荷衡器的物料检定应在最大装料或接近最大装料以及最小装料或接近最小装料上进行。

如果自动装料衡器是单一载荷的自动装料衡器,就可以直接选择也就是选择最大秤量和最小秤量,或者是选择接近最大秤量和接近最小秤量的载荷进行检定。

如果自动装料衡器是累加衡器,应选择最大装料和最小装料进行检定,同时在检定时还应采用累加衡器的每次装料实际的最多载荷数和每次装料实际的最少载荷数进行。

如果自动装料衡器是组合衡器,应在最大装料和最小装料进行检定,同时在检定时还应采用组合衡器规定的每次装料平均载荷数或最佳载荷数进行。

如果自动装料衡器的装料范围比较宽，其最小装料小于最大装料的1/3，也就是最大装料大于最小装料的三倍，在这种情况下应当再增加一个装料质量的物料检定。这一个装料质量应选择在接近装料范围的中心位置，最好是在一个接近但不要超出100 g，300 g，1 000 g或15 000 g的装料值上进行检定。例如：一台自动装料衡器，其装料范围是100 ~500 g，首先应选择其最小装料100 g和最大装料500 g进行物料检定。由于其最大装料大于最小装料的三倍，应在装料范围的中心位置选择一个装料质量进行检定，这个装料值可以选择其装料范围的中心值300 g，也可以选择一个小于300 g的装料值但不能选择一个大于300 g的装料值。

为了保证自动装料衡器计量性能的完整性，在进行物料检定时还应将自动装料衡器的可调参数调整到临界值上进行。例如可调参数最终给料时间和称量速率应调整到制造厂家文字说明或说明性标志中允许的最苛刻的条件，将最终给料时间调整为时间最短，将称量速率调整为速率最高。

后续检定可以简化一些，选择较为合适的装料值和参数，选择自动装料衡器使用中常用的装料值和参数进行物料检定。

（四）修正装置

任何修正装置，如装料衡器配备的空中落料修正装置或自动置零装置等，在检定期间应按照制造厂家的文字说明运行。

若修正装置在每次装料操作中都没有起作用，则应在最小秤量上进行一次或多次修正装置运行后的试验，包括该装置启动之前和之后至少三次连续的装料。

物料检定还应包括载荷在最大秤量和最小秤量之间的变化后出现的首批装料，除非该装料衡器有一种明确的报警功能，在改变了装料衡器的设置后能够表明并删除这些装料。

修正装置是通过对已称量好的装料的检测，自动修正被测装料质量的平均值与装料设定值的差值，使装料质量的平均值和装料设定值保持一致。如果自动装料衡器配备了空中落料修正或自动置零等这一类的修正装置，那么在检定期间，这些修正装置应按照制造厂家的文字说明运行。

如果在物料检定中这些修正装置在每次装料过程中没有起作用，这样就应在最小装料(最小秤量)上增加一个修正装置运行的试验,这个试验应包括修正装置启动之前至少三次连续的装料和启动之后至少三次连续的装料。

物料检定时还应包括装料值在最大装料和最小装料之间的装料范围中变化后出现的首批装料,除非该型式的自动装料衡器有一种明确的报警功能,在改变自动装料衡器的装料设置后能够报警,并表明这些装料是处于非正常状态的产品。

(五)装料次数

物料检定的装料平均值所需要装料的次数取决于表10-1中规定的预设装料质量(M)。

表10-1　装料次数

装料预设值	装料次数
$M \leqslant 10$ kg	60
10 kg $< M \leqslant 25$ kg	32
25 kg $< M \leqslant 100$ kg	20
100 kg $< M$	10

物料检定就是对自动装料衡器称量好的装料在控制衡器上进行复检,需要自动装料衡器产出一定量的装料,根据装料预设值的大小不同,装料次数也不同。当装料值$M \leqslant 10$ kg时,装料次数为60次,当装料值M在10 ~ 25 kg之间装料次数为32次,当装料值M在25 ~ 100 kg之间装料次数为20次,当装料值$M>100$ kg,装料次数为10次。装料平均值也必须按照上述规定装料次数进行计算。

(六)物料检定的方法

1.分离检定法

分离检定法需要使用与被检衡器相分离的控制衡器,以测得装料质量的约定真值。

2.集成检定法

这种方法是使用被检衡器的自有装置确定装料质量的约定真值。集成检定法应使用被检衡器的下述装置之一实施:①一种专门设计的指示装置;②具有一种可用标准砝码确定化整误差的指示装置。

分离检定法和集成检定法的扩展不确定度不应大于被检衡器最大允许误差的1/3。

注:①集成检定法是对载荷质量的确定,而上述规定的允许误差限是针对装料质量而言的,如果正常运行下,装料衡器不能保证在每个称量周期内将所有载荷卸料,也就是不能保证载荷总量等于装料质量的话,则物料检定必须采用分离检定法;②当累加衡器采用集成检定法时,装料的细分是不可避免的,当计算装料质量的约定真值时,应考虑因装料的细分而增大的测量不确定度。

由于采用集成检定法确定装料质量,该装料还没有被卸料装入容器内,所以其不能称为装料,从严格意义上应称其为载荷,而在本检定规程的上述中,规定的允许误差限是针对装料质量而言的。这样集成检定法确定就不是装料质量,而是称重单元正在称量的载荷质量。如果是在正常运行条件下,自动装料衡器不能保证在每个称量周期内整个载荷的全部卸料,也就是说可能出现载荷总量与装料质量不完全相等的话,在这种情况下,物料检定就必须采用分离检定法。

当累加衡器采用集成检定法时,由于累加衡器是多载荷衡器,是把多个称量周期称量出的载荷进行累加形成的一个装料。这种情况下在计算装料质量的约定真值时,就不可避免地把一个装料分成几个载荷进行测量,这时应考虑由于装料的细分而增大的测量不确定度。

(七)自动操作的中断

在物料检定中自动装料衡器的自动装料操作应当是正常运行的,为了进行自动操作的中断试验,需要在载荷已经卸料后中断自动称量、中断自动装料操作两次。

卸料前(满载)的自动操作中断试验。自动装料衡器已完成了加料过程且给料已经停止,此时载荷已称量好还未卸料,承载器处于满载状态,在这个时刻中断自动操作。待满载的承载器稳定后,记录下称重显示器显示的装料示值,或者用标准砝码平衡的方法确定装料质量,然后将自动装料衡器恢复到自动操作状态。

卸料后(空载)的自动操作中断试验。自动装料衡器已完成了卸料过程且还没有接受下一次加料,此时承载器处于空载状态,在这个时刻中断自动操作。待空载的承载器稳定后,记录下称重显示器空载的示值,或者用标准砝码平衡的方法确定承载器空载的重量,然后将自动装料衡器恢复到自动操作状态。

如果自动装料衡器的称量周期运行速度十分迅速,中断自动装料操作会明显影响装料质量,那就不必再进行自动操作的中断试验。

(八)装料质量的测定与计算

单次装料质量的测定:单次装料质量的测定应采用上述的方法之一。

预设值:应记录装料衡器指示的装料预设值。

装料质量和平均值:每一个装料都应在控制衡器(控制装置)上进行称量,其结果应视为装料的约定真值;记录所有装料的约定真值,并计算这一装料预设值所有装料的平均值。

自动称量的偏差:用于确定是否满足自动称量时每次装料最大允许偏差的自动称量偏差,应是装料质量的约定真值与这一装料预设值的所有装料平均值之差。

自动称量的预设值误差:用于确定是否满足上述规定的自动称量预设值误差,应是装料质量约定真值的平均值与装料预设值之差。

物料检定时,在自动装料衡器产出一定量的装料后,首先要对单次装料质量进行测定,单次装料质量的测定应采用分离检定法或者采用集成检定法测定。每一个装料都应在控制衡器或者控制装置上重新进行称量,控制衡器(控制装置)的示值应视为该装料的约定真值,如果控制衡器的分度值较大就需要使用“闪变点”提高其分辨力。然后应记录下自动装料衡器指示的该装料的预设值,记录下控制衡器称量出这一装料预设值的所有装料的约定真值。再后应计算出所有装料约定真值的平均值,每一装料与装料平均值之差就是自动称量每次装料的偏差,装料平均值与该预设值之差就是自动称量的预设值误差,也就是设定误差。最后应确定每次装料的偏差是否满足上述要求的每次装料最大允许偏差,预设值误差是否满足上述要求的最大允许预设值误差。

(九)使用闪变点砝码方法确定数字指示衡器的化整误差

如果法定计量技术机构认为控制衡器的分度值d太大,需要控制衡器有一个更高分辨力，则按下述方法使用闪变点砝码得到一个小于分度值d的分辨力。

记下某一载荷L在控制衡器的示值I。连续加放如$0.1d$的附加砝码，直到衡器的示值明显地增加一个分度值，变为$(1+d)$。此时，加到承载器上的附加载荷为ΔL。用下述公式得到化整前真正的示值P：

$$P=I+d/2-\Delta L$$

这个示值P可以作为装料的约定真值，进行误差计算。化整前的误差是

$$E=P-L=I+d/2-\Delta L-L$$

如果进行检定的法定计量技术机构认为物料检定使用的控制衡器（或自动装料衡器的控制装置）分度值d太大，其测量不确定度可能超出规定的要求。就需要使用“闪变点”法确定数字指示衡器化整前的示值，提高控制衡器的分辨力。方法如下。

（十）检定地点

自动装料衡器的检定应由执行检定的法定计量技术机构在自动装料衡器使用安装的现场进行。

（十一）装料衡器的安装

装料衡器应装配完整，并在使用的位置固定。

在对自动装料衡器进行检定时，要求自动装料衡器应是装配完毕、部件完整，并且其在使用位置固定就位。自动装料衡器应设计成检定时的自动称量操作与实际使用的自动称量操作应是相同的，不允许将其设置成检定时一种操作，实际使用又是另一种操作。要保证检定时工作可靠方便地进行，而不必再改变自动装料衡器的正常操作。

（十二）检定的准备

为了进行物料检定，进行检定的法定计量技术机构可以要求申请人（通常为被检单位）提供足够量的试验物料以便进行物料检定，提供搬运试验物料的运输设备，提供进行检定需要的辅助人员。

（十三）检定的实施

为了进行检定，法定计量技术机构可以要求申请人准备一定量的试验用物料、搬运设备和相应合格的人员。进行物料检定的法定计量技术机构应以节省人力、物力的方式进行检定，若适当应尽量避免不必要的重复

检定。

二、检定项目和检定方法

(一)外观检查

外观检查应对被检衡器进行下列检查。

第一,法制计量管理标志:被检衡器制造许可证的标志、编号应符合既定规程的要求,计量单位应符合已定规程的要求。

第二,衡器结构:被检衡器的结构和装置,其应与批准的型式一致。

第三,说明性标志:被检衡器的说明性标志应符合既定规程规定的标志要求。

第四,检定标记和安全措施:被检衡器的检定标记应符合既定规程规定,安全措施应符合既定规程的规定。

第五,开机自检程序:如果电子装料衡器显示器指示单元的故障可能引起一个错误的重量示值,则衡器应有一个指示的自检程序,它随指示的开始而自行启动,使操作人员有足够的时间观察显示器所有的相关显示符号是否正常,避免由于显示器指示单元的故障导致的错误称量示值。

第六,使用条件和用途:装料衡器使用条件和地点应符合标志说明和制造厂家的操作说明,装料衡器用途应符合国家法规的规定。

自动装料衡器检定的外观检查包括下列项目。

1. 制计量管理标志的检查。

应检查自动装料衡器标注的制造许可证标志和编号。我国制造计量器具许可证的标志是MC,含义是中华人民共和国制造计量器具许可证。制造计量器具许可证的编号的形式是(A)量制B字C号,其中,“A”为年号,例如2002年发证A为(202);“B”为省、直辖市自治区的简称;“C”为地、市、线的行政区划代码和许可证的顺序号,共为八位数字。

应检查自动装料衡器使用的计量单位是否符合要求,自动装料衡器上使用的质量单位为克(g)、公斤或千克(kg)和吨(t)。

2. 自动装料衡器的结构与衡器制造厂家的文件比较检查

要检查被检的自动装料衡器的结构和装置是否与型式批准的型式一致。这包括称重单元、承载器、给料装置、控制装置、修正装置、最后断料装置、装料设定装置、给料控制装置及其他一些重要结构。

3. 自动装料衡器标注的说明性标志的检查

说明性标志包括完整表示的标志：自动装料衡器的名称、制造厂名称和商标、自动装料衡器的型号和系列号、物料标示（即称量的物料）、电源电压、电源频率、载荷平均数/装料、最大装料、额定最小装料、最大秤量速率。用符号表示的标志：准确度等级X(x)、准确度等级的参考值Re(*x*)、分度值d、最大秤量max、最小秤量（或最小卸料）min、最大添加皮重*T*=+、最大扣除皮重*T*=−。

4. 检定标记和计量安全性、操作安全性措施的检查

自动装料衡器的检定标记应便于安放，保证不破坏标记又不宜将其取下；标记不应改变自动装料衡器的计量特性；使用中不必拆卸护板就能看见标记。

5. 自动装料衡器开机自检程序的检查

如果电子自动装料衡器显示器指示单元的故障可能引起一个错误的重量示值，则衡器应有一个指示的自检程序，它随显示器指示的开始而自行启动，使操作人员有足够的时间观察显示器所有的相关显示符号是否正常，避免由于显示器指示单元的故障导致错误称量示值。

6. 自动装料衡器使用条件和用途的检查

自动装料衡器能进行正常工作的使用条件就是自动装料衡器的额定操作条件，额定操作条件一般由衡器制造厂家根据计量规程和国标的规定在衡器的使用手册中进行说明。自动装料衡器的用途应符合国家法规的有关规定。

（二）物料检定

如果是可移动式自动装料衡器，应当将秤体调至水平状态（倾斜不大于1%的状态），再进行物料检定。物料检定前还应将一些可调参数调整到制造厂家允许的临界值，选择最大装料、最小装料，若自动装料衡器的最小装料小于最大装料的1/3，再在中间选择一个合适的装料。按照装料预设值的大小运行自动装料衡器输出10至60数量不等的装料，采用分离检定法或集成检定法测定装料质量的约定真值。计算所有装料的平均值，装料平均值与预设值的设定误差，每一装料与装料平均值的装料偏差。在其他的装料预设值重复上述的程序。

在使用中检定时，当物料的参考颗粒质量超过使用中检验的最大允许

偏差的0.1倍，自动装料衡器的允许误差应增加参考颗粒质量值的1.5倍。但最大允差的最大值不应超过装料质量值M的9%，即M×9%×(x)。放宽后最大允差X(1)级衡器使用中检验的MPD不超过9%，X(0.5)级衡器使用中检验的MPD不超过4.5%，X(0.2)级衡器使用中检验的MPD不超过1.8%，X(0.1)级衡器使用中检验的MPD不超过0.9%。物料的参考颗粒质量应等于从一个或多个载荷中取10个最大基本颗粒或片粒的平均值。

(三)首次检定和后续检定

对后续检定，若装料衡器达不到首次检定确定的相应准确度等级的要求，可进行调试使其达到相应准确度等级的要求。若调试后装料衡器仍达不到相应要求，则可将该装料衡器降级使用。

降级使用时应考虑定量包装商品的净含量要求对装料衡器准确度的限制，同时还应更改装料衡器原标注的准确度等级，并在检定证书上注明。

在进行检定时应注意本检定规程对首次检定和后续检定的最大允许偏差、最大允许设定误差的要求是一致的，使用中检验最大允许偏差可以放宽，这与以前规程的要求不同。以前的规程中后续检定与使用中检验的最大允许误差一致，可以在首次检定最大允许误差的基础上放宽。

(四)使用中检验

对使用中检验，应在通常使用条件和实际称量速率下对实际使用载荷和装料质量进行物料检验。其最大允许偏差按使用中检验的规定执行。

在检定周期有效期内，若要明显地改变装料衡器的实际使用载荷和装料质量，应对改变后的实际使用载荷和装料质量重新进行检定。

本检定规程规定自动装料衡器的使用中检验应是在衡器的实际使用条件和装料速率、用实际称量的物料和装料质量已检查的情况下进行。若自动装料衡器在使用中要改变已检定的装料预设值，就应对改变后装料质量重新进行检定，检定由法定计量技术机构进行。

三、鉴定结果的处理

(一)检定合格产品

首次检定和后续检定合格的衡器应出具检定证书，盖检定合格印或粘贴合格证；应注明施行检定日期和有效期；对禁止接触的部件应采取安全措施,如印封或铅封。使用中检验合格的衡器,其原检定证书与印封保持不变。

(二)检定不合格产品

检定不合格的衡器发给检定不合格通知书,并注明不合格项目,不准出厂、销售和使用;使用中检验不合格的衡器不准使用。

自动装料衡器检定有两种结果:检定合格或检定不合格。

检定印证的使用是为了有效地管理,保证衡器的量值准确、可靠,防止衡器的欺骗性使用。加印封或铅封后,一旦印封或铅封被破坏,合格即失效。

经调试修理后的衡器按后续检定的规定重新进行检定。使用中检验合格的衡器,其原检定证书与印封或铅封应保持不变,准予继续使用。

四、检定周期

衡器的检定周期一般不超过一年。

自动装料衡器的检定周期一般不能超过一年,正常情况下检定周期就是一年。执行计量检定的技术机构,根据衡器的使用条件、使用频繁程度及以往周期检定的情况通盘考虑确定。对于连续两个周期检定不合格的衡器、经常超差和频繁故障衡器可根据国家有关技术规范适当缩短检定周期。检定周期时间的缩短,应向计量检定机构所在的上级政府计量行政部门备案,经审查认可后,方可实施。

第三节 重力式自动装料衡器的误差分析和故障排除

一、重力式自动装料衡器的误差分析

重力式自动装料衡器与普通的电子衡器无论是结构还是工作方式都存在较大的不同,普通的电子衡器是以静态称重的模式来进行计量工作,而装料衡器最终是以动态称重的模式来进行计量的,因此它的计量误差是动态误差。为了保证装料衡器动态计量误差的准确就必须确保其静态计量误差的准确。

装料衡器的自身误差，是由其重复性误差和示值误差合成而来的，重复性误差是由其整机的稳定性所决定的，如果其测量的稳定性差，其重复性就差，重复性差，其显示误差就大，就将影响到装料衡器的自身误差。而其静态误差不确定度则是由自身误差和标准器误差合成而来的，现在用于检测静态准确度的标准砝码一般为M1级标准砝码，所以装料衡器的静态计量误差主要是来自其整机稳定性。

装料衡器的自身误差是由其装料的重复性误差和装料衡器的示值误差合成而来的，按通常的计量要求控制衡器的误差，应是被检装料衡器所标示准确度等级的1/3，而其装料的重复性是决定其计量误差的关键因素。如果装料的实际质量值与预定质量值的离散度大，其稳定性就差，其误差就大。所以在这里实际质量值与预定质量值的离散度与控制衡器的误差范围是很重要的①。

二、重力式自动装料衡器常见故障产生原因以及解决办法

对于装料衡器常见故障的处理及解决办法，主要是以直观法、比较及替代的方法来迅速地准确判断故障的所在位置，并及时地加以修复。

对于包装称量不准的问题，主要是检查称重传感器的弹性体发生形变造成传感器的输出线性变差，可使用标准砝码进行测试判断，也可用好的传感器替代判断。称重传感器与其他部件接触卡碰，也会造成计量失准。同时称重传感器周围有强电流的干扰以及传感器的接线头氧化或接触不良都可能造成信号波动，致使称量不稳定。并且物料的进料门开度过大，冲击力过强，超出目标值，使得细给料不能及时控制，且物料的颗粒不均匀，造成空中量的数值控制不好，引起数值波动较大，致使包装称量不稳定时大时小。汽缸、电磁阀动作反应迟缓，致使进料不能及时关断，从而导致包装称量过多。

对于电气控制部分的故障应进行有效的区分判断。针对不动作的汽缸，首先是检查区分哪部分的故障，是电气控制部分、电磁阀还是汽缸部分的故障，检查电磁阀是否得到执行指令，看可编程序控制器上是否有输出命令，如果没有则故障可能在控制器前端，检查可编程序控制器和称重控制器；如果电磁阀得到执行指令，则检查电磁阀是否执行，没有则电磁

①王威．重力式自动装料衡器的工作原理和常见故障处理[J]．衡器，2019，48(12)：49-50.

阀故障,更换电磁阀。用手按下电磁阀手动按钮,看汽缸是否能推动,不能动就是机械卡或气源故障,如汽缸故障,则更换汽缸。

对于秤量斗排料未完成,底门就提前关闭的故障,应检查秤量斗是否有物料黏附,造成排料不畅。电磁阀是否有窜气故障,有则更换电磁阀,汽缸是否存在故障,有则更换汽缸,检查可编程序控制器电源供电电压是否偏低,造成料门提前关闭,对于袋夹器故障,应检查袋夹开关是否存在故障,如有则更换开关。气源的压力是否正常,是否存在气管损坏、气体泄漏等现象。是否有进料闸门和放料门关不死,物料有结块堵住现象,如果有则排除堵住现象。

重力式自动装料衡器工作状况的好坏除了与产品本身的质量有关外,还与日常的维护与保养有着很大的关系。维护人员、使用操作人员都应熟悉并严格遵守装料衡器的有关操作流程及相关的操作规范。坚持以预防为主,预检、预修、计划保养相结合的原则,才能使得装料衡器的运行良好有效,从而确保生产的持续性和稳定性。

第十一章 砝码

第一节 砝码的基础知识

一、国际千克(公斤)原器

国际千克(公斤)原器是复现国际单位制质量基本单位的实物基准,它是高和直径均为39 mm的铂铱合金圆柱体砝码,其中铂占合金的90%,铱占合金的10%[①]。

目前,世界上使用的国际千克原器,是国际计量局于1883年10月通过编号为K的砝码,它作为国际千克原器保存在法国巴黎的国际计量局的原器库内。此后,国际计量局又仿造国际千克原器,订购加工了40个铂铱合金砝码,并将其中的一部分分发给签订1875年米制公约的各国,以作为各国的质量基准器。

二、国家千克(公斤)原器

国家千克原器也是铂铱合金(铂占合金的90%、铱占合金的10%)的圆柱体砝码,其高与直径均为39 mm,它是我国在1965年由国际计量局购进的编号为No.60和No.61的两个铂铱合金砝码。现在使用的国家千克原器是No.60,其质量修正值为+0.295 mg。

三、砝码

所谓砝码,即在使用时,能以固定形态复现给定质量的一种从属的实物量具。具有其规定的物理和计量学特征:形状、尺寸、材料、表面品质、标称值和最大允许误差。

---

①李正坤,张钟华,王健. 质量单位——千克的重新定义[J]. 中国计量,2018(07):8-9+16.

四、砝码的名义值

所谓砝码的名义值，即是砝码在制造加工过程中，在砝码体上所打印的标称值（数值）。

五、砝码的实际质量

砝码的实际质量，是指砝码经过检定后所确定出来的质量值。

六、砝码的修正值

砝码的修正值，是指砝码的实际质量与砝码的名义值之差。

七、砝码的检定

所谓砝码的检定，即是我们通常把检定的砝码看作被衡量物体与作为质量单位的砝码进行比较，从而确定被检定砝码中包含有该质量单位的若干倍数或分数，这个比较的过程，就叫作砝码的检定。

八、砝码的扩展不确定度

砝码的扩展不确定度是表示砝码检定结果的可靠程度。扩展不确定度愈小，其砝码检定结果愈可靠。

例1：一个100 g的E等级砝码，它的实际质量是100.000 1 g，而它的扩展不确定度是0.05 mg，那么，这个砝码的实际质量是最大100.000 1+0.000 05=100.000 15 g，最小100.000 1−0.000 05=100.000 05 g。

例2：一个200 g的E，砝码，它的实际质量为200.000 2g而它的扩展不确定度为+0.1 mg，那么，这个200 g砝码的实际质量是最大200.000 2+0.000 1=200.000 3 g，最小200.000 2−0.000 1=200.000 1 g。砝码的检定精度现在叫作砝码扩展不确定度。

九、砝码的折算质量

折算质量，即折算质量值：一物体在约定温度和约定密度的空气中，与一约定密度的标准器达到平衡，则标准器的质量即为该物体的折算质量。约定温度（t_{ref}）为20 ℃；约定的空气密度（ρ_0）为1.2 kg/m^3；砝码折算质量的约定密度（p_{ref}）为8 000 kg/m^3。

折算质量值为 m_e 与真空中质量 m 的关系式：$m_e = m + (V_e -$

$$V)\rho_0 \frac{[1-\frac{\rho_0}{\rho}]}{0.999\,85} m$$

$$m_e = m + (V_e - V)\rho_0 \frac{0.999\,85}{[1-\frac{\rho_0}{\rho}]} m_e$$

式中：m_e为砝码的折算质量；m为砝码的真空中质量；V_e为砝码的折算体积；V为砝码的实际体积；ρ_0为空气密度的参考值，等于1.2 kg/m^3；ρ为空气的实际密度。

十、校准

所谓校准，即是在规定的条件下，为了确定测量仪器或质量系统所指示的量值，或实物量具、参考物质所代表的量值，与对应的标准所复现的量值之间关系的一组操作。

十一、计量基准器

所谓计量基准器，即是国家计量基准器，是体现计量单位量值的，具有现代科学技术所能达到的最高准确度的计量器具。经国家检定合格后，作为全国计量单位量值的最高依据。

十二、计量标准器

所谓计量标准器，即是国家根据生产建设和科学研究的需要，规定出不同等级的准确度，用来传递量值的计量器具。

十三、量值

所谓量值，是指一般由一个数乘以测量单位所表示的特定量的大小。

十四、量值传递

通过对计量器具的检定或校准，将国家基准所复现的计量单位量值通过各等级计量标准传递到工作计量器具，以保证被测对象量值的准确和一致。

十五、砝码组

质量单位的基准器是一个千克砝码。但只有一个千克砝码，要衡量各种质量不同的物体，显然是无法实现的。这样就需要配备一套由小到大，其个数少而又能组合成任何量值的一组砝码，这组砝码就叫砝码组。

十六、砝码组的划分

现在，随着科学技术的发展，砝码也不断扩展。

（一）千克组砝码

目前的千克组为1 ~ 50 kg。

（二）克组砝码

克组砝码的范围是1 ~ 500 g。

（三）毫克组砝码

毫克组砝码的范围是1 ~ 500 mg。

（四）微克组砝码

微克组砝码范围是0.05 ~ 0.5 μg。

以上砝码组的划分，从根本上解决了只有一个千克基准器砝码，而要衡量各种不同质量大小的物体的难题。

十七、砝码的组合形式

目前，砝码的等级很多，大小与形状又各有差异，但是按照砝码的组合情况，大体可以分成5种形式“5，3，2，1”制、“5，2，2，1”制、“5，2，2，1，1”制、“5，2，1，1，1”制和“5，2，1，1”制。

采用上面5种组合形式组成的千克组、克组和毫克组等砝码组时，它们所包含的砝码个数是不一样的。如果，在同一组砝码内，有两个或两个以上的名义质量相同的砝码时，用圆点“·”“··”，或用符号“*”“**”标注在第2个或第3个同名义质量的砝码体上，要求标注于明显位置或数字旁，以区别2个或3个名义质量相同的砝码。

常见3个砝码组组合形式的优缺点如下。

（一）“5，3，2，1”制

“5，3，2，1”制组合形式在组成任意质量时，所用砝码个数最少且精度高，但加工制作费料。

（二）“5，2，1，1”制

“5，2，1，1”制组合形式在制造时用料最省，但砝码个数最多，使用麻烦且精度低。

（三）“5,2,2,1”制

“5,2,2,1”制组合形式在砝码个数和用料两方面都居中，所以现在被广泛应用。

十八、砝码的制造材料

现在，砝码的大小和级别高低不同，主要采用以下几种材料作为砝码的制造材料。

（一）铂铱合金

铂铱合金（铂占90%，铱占10%）材料的砝码，主要为国际千克原器和国家千克原器。它是世界目前公认的砝码的最好制造材料，它的材料密度为21.56 g/cm^3。但是，由于它加工复杂且价格昂贵，无法用作低精密度的砝码材料。

（二）德国银

德国银材料的砝码，曾被广泛采用在毫克组砝码上，它的材料密度为8.5 g/cm^3。由于科学技术的发展和其本身存在的不耐磨损等缺点而被淘汰。

（三）铜合金

铜合金材料的砝码，价格低廉，经表面处理后，抗腐蚀和耐磨损性都较好，广泛应用于各低等级砝码。黄铜的材料密度为8.4 g/cm^3。但是，铜合金砝码镀层脱落的问题也应该注意防范。

（四）不锈钢

不锈钢材料是最近几年广泛被采用的砝码材料，首选耐腐蚀耐磨损的奥氏体不锈钢（1Cr18Ni9Ti），它的材料密度接近8.0 g/cm^3。

（五）JF1不锈钢

JF1不锈钢材料，是被广泛采用的一种砝码制造材料，经常用于高精度的砝码材料，特别是E等级的砝码材料，它的抗腐蚀性和耐磨损性能居首位。JF1不锈钢的材料密度为8.0 g/cm^{3}即8 000 kg/m^3。

（六）其他材质

现在，级别较低和外形较大的砝码，由铸铁、铸钢和锻钢制成。较小的毫克组砝码常选用铝合金或钛合金等材料制成。铸铁的材料密度为7.2 g/cm^3，铸钢或者锻钢的材料密度为7.8 g/cm^{3}左右，铝的材料密度为2.7 g/cm^3，钛的材料密度为4.5 g/cm^3。总之，砝码是体现质量单位的量具，因而对它的材料要求较高，具体要求如下。

1.稳定性好

要求砝码材料的稳定性好，不随时间的延续而变化，从而保证砝码质量的稳定性。

2.坚固性好

砝码的材质要坚固且耐磨损，还要抗腐蚀性好。

3.磁化率小

砝码的磁化率要尽可能的低或无磁性，以消除磁场或带磁物体对衡量结果的影响，确保衡量结果的准确可靠。

4.密度大

砝码的材料密度大，可以防止和减小空气浮力对衡量结果的影响。所以，应尽可能地选择材料密度为8.0 g/cm^{3}或21.56 g/cm^{3}的材质加工制造砝码。

十九、砝码的构造

一般千克组和克组砝码外形结构一样，只有大小之分。它们的外形均为圆台和圆柱体，上面有可供夹取的砝码头。有些带调整腔的砝码，其砝码头可以旋动，而实心砝码的砝码头是不能旋动的。

实心砝码广泛应用于1 mg至50 kg的E等级和F等级砝码，而带调整腔的砝码广泛地应用于50 kg以上E1等级、E2等级和F1等级砝码及其F1等级以下的各等级砝码。实心砝码外形为圆柱体；带调整腔的砝码，多数是圆台体，其底部为球凹面，也有一定数量的圆柱体砝码带有调整腔。

天平机械挂码的外形多为圆形或圆弧形。环码是实心结构的砝码，其余均带调整腔，供调修砝码用。

毫克组砝码均用铜合金或不锈钢或铝制成，形状有三角形、正方形和长方形，其上面标注有质量单位，为便于夹取砝码，其一边或一角卷起。在天平上的毫克组挂砝码，均制成环码或骑码。

当然，现在也有一些其他形式和构造的砝码在各行各业中使用。

第二节 砝码的等级与结构

一、砝码的等级

目前，砝码的等级划分是根据JJG99-2006《砝码》国家计量检定规程的规定，分成E_1等级、E_2等级、F_1等级、F_2等级、M_1等级、M_{12}等级、M_2等级、M_{23}等级和M_3等级共有九个等级。①

如果兼顾到大家以前对等级制的习惯，下面分9个等级具体加以说明。

（一）E_1等级砝码

E_1等级砝码（原工作基准砝码）溯源于国家基准、副基准，主要用于检定传递E_2等级砝码或用于检定相应的衡量仪器，也可与相应的衡量仪器配套使用。

（二）E_2等级砝码

E_2等级砝码主要用于检定传递F_1等级及其以下等级的砝码，也可用于检定相应的衡量仪器和与相应的衡量仪器配套使用。

（三）F_1等级砝码

F_1等级砝码主要用于检定传递F_2等级及其以下等级的砝码，也可用于检定相应的衡量仪器和与相应的衡量仪器配套使用。

（四）F_2等级砝码

F_2等级砝码主要用于检定传递M_1等级、M_{12}等级及其以下的各等级砝码，也可用于检定相应的衡量仪器或与相应的衡量仪器配套使用。

（五）M_1等级砝码

M_1等级砝码主要用于检定传递M_2等级和M_{23}等级及其以下等级砝码，也可用于检定相应的衡量仪器或与相应的衡量仪器配套使用。

---

①马严安，王娜，郭虎波．质量比较仪在砝码检定中的应用[J]．衡器，2021，50(08)：27-31.

（六）M_{12} 等级砝码

M_{12} 等级砝码用于检定相应的衡量仪器，也可与相应的衡量仪器配套使用。

（七）M_2 等级砝码

M_2 等级砝码主要用于检定传递 M_3 等级砝码，也可用于检定相应的衡量仪器或与相应的衡量仪器配套使用。

（八）M_{23} 等级

M_{23} 等级砝码用于检定相应的衡量仪器，也可与相应的衡量仪器配套使用。

（九）M_3 等级砝码

M_3 等级砝码用于检定相应的衡量仪器，也可与相应的衡量仪器配套使用。

如果砝码用于检定衡量仪器（不含质量比较仪），检定过程中若使用该砝码的实际质量值，则其扩展不确定度应不得超过仪器在该载荷下最大允许误差的1/3；若检定过程中只使用该砝码的标称值，则其最大允许误差应不得超过仪器在该载荷下最大允许误差的1/3。

另外，原工作基准砝码按 E_1 等级砝码处理；原一等和二等砝码可按 E_2 等级和 F_1 等级处理。相应要求按新规程执行。不过有调整腔的二等砝码只能降为 F_2 等级使用。

二、各等级砝码的最大允许误差

按照JJG99-2006《砝码》国家计量检定规程的规定，规定各等级的砝码最大允许误差。

计量性能有如下要求。

扩展不确定度。在规定的准确度等级内，任何一个质量标称值为 m_0 的单个砝码，其折算质量的扩展不确定度，U=(k=2)，应不大于相应准确度等级的最大允许误差绝对值的1/3：$U \leqslant 1/3|mpe|$。

折算质量。在规定的准确度等级（E等级砝码除外）内，任何一个质量标称值为 m_0 的单个砝码，首次检定时，折算质量 m_e 与砝码标称值 m_0 的差，正值不能超过最大允许误差绝对值|mpe|的三分之二，负值的绝对值不能超过最大允许误差绝对值|mpe|的三分之一：

$$m_0 - \frac{1}{3}|mpe| \leqslant m_e \leqslant m_0 + \frac{2}{3}|mpe|$$

在规定的准确定等级(E_1等级砝码除外)内,任何一个质量标称值为m_0的单个砝码,在后续检定中,如果具体限定了最大允许误差的单个砝码,则折算质量m_e与砝码标称值m_0之差的绝对值不能超过最大允许误差的绝对值$|mpe|$减去扩展不确定度:

$$m_0 - (|mpe| - U) \leqslant m_e \leqslant m_0 + (|mpe| - U)$$

对于新生产和修理后的增砣(含标准增砣),除了符合上述关系外,检定时其折算质量还应符合下述关系式:$m_e - m_0 \geqslant 0$。对于E_1等级砝码,其折算质量与标称值的差的值对值$|m_e - m_0|$,不得超过最大允许误差的绝对值,修理后的砝码,其修正值的控制范围要符合要求。

三、各等级砝码的要求

根据JJG99-2006《砝码》国家计量检定规程的规定,各等级砝码的具体要求如下。

为了方便生产与识别,砝码应具有简单的几何形状。同时,砝码的边和角应修圆,表面不应有锐边或锐角和明显的砂眼,以防磨损和积灰;砝码组中的砝码,除了1 g或小于1 g的砝码外,应具有相同的形状;现在使用中的砝码,在磁性和质量值稳定合格的前提下,允许具有区别于新规程所规定的其他形状;对于测量仪器配套使用的专用砝码,或者为专门用途而设计的砝码,允许具有区别于新规程所规定的其他形状;小于或等于1 g的砝码,应有适当形状的多边形片状或丝状,便于夹取。在标称值的一个序列中,不允许插入与本序列形状不同的其他形状。而且砝码体上不标记标称值;标称值为5mg、50mg和500 mg的砝码可以是五边形的片状砝码,也可以是五边形或5段的线形砝码;标称值为2mg、20mg和200 mg的砝码可以是正方形和长方形的片状砝码,也可以是正方形、长方形和2段的线形砝码;标称值为1mg、10mg、100mg和1000 mg的砝码可以是三角形的片状砝码,也可以是三角形或1段的线形砝码。

标称值为1g~50 kg的砝码,其形状为直圆柱体或圆锥台体;标称值为5 ~50 kg的砝码,可以采用适于抓取的不同形状,如轴、钩、环和其他形状。砝码若带有提钮,其高度在砝码的平均直径和半径之间;标称值为5 ~50 kg的M_1等级、M_2等级和M_3等级砝码,可以采用圆形边角和坚固提钮的倒置正六棱台或平行六面体结构。砝码形状可视工作需要加工成扁圆柱体和圆盘等,可以沿圆心或半径开上下贯通的孔或槽(如增砣砝码),以便取放。E_1等级、E_2等级和F_1等级1 mg~50 kg砝码应为实心整体结构,由整块材料加工而成,不允许带调整腔。大于50 kg的E_2等级和F_1等级砝码可以有一个调整腔。要求E_1等级砝码调整腔的体积不应超过砝码总体积的1/1 000,F_1等级砝码调整腔的体积不应超过砝码总体积的1/20,调整腔密封、防水和防气。带有螺纹的螺栓、提钮或类似的部件可以封闭调整腔,其材料应与砝码材料相同,表面要求同砝码体要求一致。首次进行调整后,调整腔总体积的1/2应为空的。标称值为1 g~50 kg的F_2等级砝码允许有调整腔,其他等级砝码不能超过砝码总体积的1/4,调整腔应用提钮或其他方式密封。砝码首次调整后,砝码的调整腔总体积约为1/2是空的。

大于50 kg的F_2等级砝码可以有一个调整腔,其调整腔的体积不应超过砝码总体积的1/20。调整腔应密封,防水和防气。带有螺纹的螺检、提钮或类似的部件可以封闭调整腔。首次调整后,调整腔总体积约为1/2是空的。砝码的可以由多块多种材料制造,磁性应符合F_2等级要求。

标称值为1g~50g的M_1等级、M_2等级和M_3等级砝码是否有调整腔不作强制规定。而100 g~50 kg的M_1等级、M_2等级和M_3等级砝码应有调整腔。调整腔应有可靠的腔盖,避免外界物质进入。允许将调整腔打开加入调整物。调整腔的体积不得大于砝码总体积的1/4。首次调整后,调整腔的总体积约为1/3是空的。

1 g~50 kg的M_1等级、M_2等级和M_3等级的圆柱形砝码,调整腔与砝码的垂直轴线同轴,开口在砝码提钮的上方,并加宽入口直径。

大于50 kg的M_1等级、M_{12}等级、M_2等级、M_{23}等级和M_3等级,可以有一个或多个调整腔,所有调整腔的总体积不应超过砝码总体积的1/10。腔体应密封、防水和防尘。调整腔可用带螺纹的塞子或提钮密封。

在砝码稳定性和表面状况不受标记和标记过程的影响时,在容易造成混用或用于贸易结算的砝码体上进行质量标称值的标识。其他情况不作强制规定。

F_2等级及其以上的砝码,如果在使用中有可能导致错误使用时,对于100 mg及其以上的砝码可以采用研磨雕刻的方式,清晰地称记其砝码器号和该砝码的准确度等级。对于M等级不作强制规定。

对于线状毫克组砝码和50 mg及其以下的片状砝码、链码以及仪器中作为零部件配套使用的砝码可以不标记质量标称值、砝码器号和准确度等级。而对于使用中的砝码，砝码体上的标记不得涂抹和修改。

一组(或一盒)砝码中如果有两个或三个同一标称值的砝码，应当用一个或两个星形或点或者数字加以区分；如果是线状砝码，应用一个或两个弯钩加以区分

四、砝码的检定项目

按照JG99-2006《砝码》国家计量检定规程的规定，在所有的计量技术指标检定以前，需对砝码(除规程附录G和专用砝码)外观、材料(不测体积的砝码)、标记、砝码盒和铭牌进行目力检查，判断其是否符合规程相应条款的规定。

对于专用砝码，折算质量的测量方法须遵循本规程的有关规定。其他的计量技术指标，须遵其相应设备的检定规程中的规定。

五、砝码检定室的要求

砝码检定室，应按照JJG99-2006《砝码》国家计量检定规程的要求布置，即砝码的检定应在稳定环境状况下进行，简单地说，就是砝码的温度要接近室温。

另外，还应注意以下几点：①对于E等级的砝码检定，检定实验室内的温度应保持在18～23℃，环境条件要满足衡量仪器的要求；②检定实验室内不允许有容易察觉的震动和气流，应远离震源、热源和磁源，检定室内的天平和砝码应避免阳光照射；③如果空气密度相对于1.2 kg/m^{3}的变化量超过了10%时，被检砝码的计算要采用真空质量值，折算质量值由真空质量值计算而来；④检定实验室应配备相应准确度的温度计、湿度计和压力计，以测量检定室内空气密度。具体要求见表11-1。

表11-1 实验室内配备气象参数测量设备的准确度

被检定砝码等级	温度计	湿度计	气压计
E	≤ 0.1°C	≤ 5%RH	≤ 0.6hPa
F	≤ 0.1°C	≤ 6%RH	≤ 2hPa
M	较F等级砝码稍低的温度计、湿度计		

六、检定砝码用的衡量仪器及砝码的要求

根据JJG99-2006《砝码》国家计量检定规程要求，对于检定砝码的衡量仪器和标准砝码有如下几项要求。

（一）衡量仪器的要求

衡量仪器的计量特性在进行检定前要已知并合格；如果被检砝码进行空气浮力修正，则其合成的标准不确定度（即重复性、灵敏性、分辨力、偏载等的合成）应不得超过被检砝码质量最大允许误差绝对值的六分之一；如果被检砝码不进行空气浮力修正，则合成标准不确定度不得超过被检砝码质量最大允许误差绝对值的九分之一。

检定砝码过程中，衡量仪器平衡位置的读取规则：阻尼或数字式衡量仪器取两次静止点（稳定点）读数的算术平均值；摆动式衡量仪器取开启天平后，经过一个半周期后的连续3次或4次回转点读数进行平衡位置计算。

（二）标准砝码的要求

标准砝码等级至少要比被检砝码高一个准确度等级，其质量扩展不确定度应不大于被检砝码质量最大允许误差的九分之一；标准砝码的材料密度和磁化率应符合相应等级的要求。

七、砝码检定前的清洁与恒温

砝码检定前都应该进行清洁处理，并保证清洁后不得改变砝码的表面特性和质量稳定。

对于砝码体上的灰尘，可用干净的蒸馏水或无水乙醇进行清洗。注意带调整腔的砝码不得浸入溶液中清洗，以免液体进入调整腔内，影响称量的准确性。

砝码清洗后，要经过一定时间的稳定才能进行检定。

另外，砝码检定需要进行恒温处理，也就是清洁以后，特别是室内外温差较大的冬季和夏季更要保证砝码在检定室内的停放稳定时间充足。一般推荐的稳定时间为24 h。

八、砝码的检定方法

在JJG99-2006《砝码》国家计量检定规程中规定，测量检定各等级砝码折算质量的方法为精密衡量法，具体为单次替代法、双次替代法和连续替代法。

一般单次替代法和双次替代法被普遍采用，具体采用哪种可根据检定人员和砝码等级来确定。

测量循环次数应基于期望的不确定度和测量的重复性和复现性。并且循环次数为1的只需一名检定员检定，超过1的必须由两名或两名以上的检定员检定。两个检定员的检定结果之差不得超过该砝码最大允许误差的四分之一，否则需要复检。

需要注意的是检定过程中的时间间隔要保持恒定；对于M等级检定同一标称值的被检砝码时，可以同时进行检定，但最多个数不能超过5个；在检定E等级和F等级砝码时，如果使用的是机械天平，则需要实测天平的分度值。JJG99-2006《砝码》检定规程中规定：A代表标准砝码；B代表被检砝码。在检定E等级和F等级砝码时，经常采用ABBA和ABA循环方法。

九、磁性对砝码的影响

由于电子天平等衡量仪器均采用电磁力平衡原理制造，其内部磁场与磁化率高的材料制造的砝码势必相互作用，造成衡量数据的误差是不容忽视的，尤其是在高精密或微量物质的衡量中，足以造成衡量结果的严重失准。

所以JJG99-2006《砝码》国家计量检定规程中，特别对磁化率进行了规定与说明。

如果当地测量磁性和磁化率的所有数值均小于极限值，则可以认为由于砝码磁性所引起的不确定度分量可以忽略不计。

十、空气密度的计算

如果要考虑空气浮力对砝码检定的影响,首先就要进行空气密度的计算。

(一)CIPM 公式

1981 年 CIPM 推荐采用以下公式用于确定潮湿空气的密度ρ_a:

$$\rho_a = \frac{pM_a}{ZRT}\left[1 - x_v\left(1\frac{M_v}{M}\right)\right]$$

式中:p为压力;M_a为干燥空气的摩尔质量;Z为压缩系数;R为摩尔气体常数;T为采用 ITS-90 的热力学温度;x_v为水蒸气的摩尔数;M_v为水的摩尔质量。

此公式为 CIPM-81 公式。自从 1981 年发表了此公式后,曾经对固定使用的推荐值做了多次修改。此公式现在称为“1981/91 公式用于确定潮湿空气的密度”,或仅对 1991 年 CCM(Creative Communication Management)。大会对公式中使用的常数多次修改后的称为“1981/91 公式”。上述 CIPM 公式是计算空气密度最精确的计算公式。

(二)似公式

下面两个近似公式也可以在检定中使用,以方便大家在工作实践中提高工作效率。

$$\rho_a = \frac{0.348\,48p - 0.009(\mathrm{RH}) \times \exp(0.062t)}{273.15 + t}$$

其中,在压力p以 mbar 或 hPa 为单位,相对湿度 RH 以百分比表示,温度t以℃为单位时,所得到的空气密度ρ是以 $\mathrm{kg}\cdot m^{-3}$ 为单位的。当 $900\ \mathrm{hPa} < p < 1\,100\ \mathrm{hPa}$,$10℃ < t < 30℃$,$\mathrm{RH} < 0.8$ 时,上述公式的相对不确定度为 2×10^{-4}。

E_1等级砝码,在进行相应的测量时,通常要确定空气密度。然而,以下的近似公式是在不用确定空气密度的情况下,对实验室的空气密度进行估计。海拔高度通常要已知。因此,如果不测量空气密度,可用以下的公式对实验室空气密度进行平均值的计算:

$$\rho_a = \rho_0 \times \exp\left(\frac{-\rho_0}{P_0} g\cdot h\right)$$

其中,$P_0 = 101\,325\ \mathrm{Pa}$;$\rho_0 = 1.2\ \mathrm{kg}\cdot m^{-3}$;$g = 9.81\ \mathrm{m}\cdot\mathrm{s}^{-2}$;$h$= 以米表示的海拔高度。

所以,大家可根据工作需要,选择上面的计算公式计算出检定室外的空气密度,以便考虑是否需要进行浮力修正。

一般情况下,M等级的空气浮可忽略不计。

E等级和F等级的砝码浮力修正应进行计算以确定是否修正。计算空气密度可将实验检定室测到的数据代入第一个近似公式即可得到。

十一、海拔高度对检定测量结果的影响

在对天平进行检定和测量时,砝码采用的是折算质量值,海拔高度会对检定测量结果产生一定的影响。所以,要用浮力公式对其进行浮力修正,以减去浮力对检定或测量的影响。进行浮力修正时,要知道砝码的密度。

如果在海拔330 m以上使用E等级砝码时,要提供砝码的密度及其相应的不确定度。如果在海拔800 m以上使用F_1等级砝码时,应该进行空气浮力修正。所以,对于使用折算质量值为标准的各等级砝码,应该考虑尽量减少海拔高度或材料密度与8 000 kg/m^{3}之间的偏差对浮力的影响。

十二、衡量方法

现在,无论是在生产工作中,还是在我们质量计量的实践当中,采取着多种形式的衡量方法。根据工作的不同要求,采用不同的衡量方法,既迅速又保证了质量要求。

经常采用的衡量方法主要有以下几种:直接衡量法(也叫比例衡量法);替代衡量法(也叫波尔达衡量法);连续替代法(也叫门捷列夫衡量法);交换衡量法(也叫高斯衡量法)。

十三、精密衡量法

精密衡量法有替代衡量法、连续替代衡量法和交换衡量法三种。它们被广泛采用在高精度和质量计量的检定传递工作中。这三种方法各有千秋,可以根据工作需要和精度要求,选择适合自己的衡量方法。

(一)替代衡量法

替代衡量法是法国科学家波尔达提出来的,所以也叫作波尔达衡量法。

替代衡量法的具体操作步骤如下。①将标准砝码放在天平的一个秤

盘内,再以相当于此标准砝码的平衡重物(如旧砝码等)置于另一秤盘中进行平衡。然后开启天平,记录天平标尺的3个连续读数或2次静止点读数,然后关止天平。②取下标准砝码,并在此秤盘内放上同名义质量的被检砝码。开启天平后,若天平失去平衡,则应向较轻的一个秤盘内添加标准砝码,使天平恢复其平衡状态,并记录天平的3个连续读数或2次静止点读数,关止天平。③假若在此载荷下的天平分度值事先没有测定,可将测天平分度值的标准小砝码,放在天平的一个秤盘内。开启天平并记录普通标尺的3个连续读数或阻尼天平的2次静止点读数,关止天平。测天平分度值的标准砝码所改变的天平平衡位置与前面交代的相同。④将检定中所测到的读数,随时填入替代衡量法记录表内的有关栏内。⑤按上述方法,依次将所有被检砝码进行检定。也可以采用双次替代方法进行检定。

(二)连续替代衡量法

连续替代衡量法由于是门捷列夫提出来的,也常叫作门捷列夫衡量法。此种方法使天平从始至终保持在同一个载荷下,从而保证天平灵敏度的一致性。

连续替代衡量法的具体操作步骤如下。①首先,将一群名义质量总和不超过天平最大载荷的标准砝码群放在天平的一个秤盘内,这群标准砝码与被检砝码是一一对应的。在天平的另一秤盘内加放平衡重物以平衡之。开启天平,记录天平指针的3个连续读数或2次静止点读数,然后关止天平。②在标准砝码盘中,取下一个序数最小的标准砝码,再以名义质量与其相同的一个被检砝码,放在这群标准砝码群内。开启天平,若天平失去平衡,应在较轻的秤盘内加放标准砝码,使天平平衡。读取并记录天平的3个连续读数或2次静止点读数,关止天平。③按照连续替代法检定序数的顺序,参考上面的操作方法,依次将秤盘内的标准砝码群全部用被检砝码代替完为止。④测天平分度值时,先将测分度值的标准砝码置于秤盘内,开启天平,记录天平的3个连续读数或2次静止点读数,以确定天平的分度值。⑤根据天平的最大载荷和精度,可选择砝码组的部分或全部组合作为砝码群,进行上述步骤的检定。若天平载荷或精度达不到要求时,整组砝码可以在不同称量范围的天平上分段(或分批)进行检定。上述的连续替代法,在厂矿等基层单位不实用且麻烦。

（三）交换衡量法

交换衡量法是德国学者高斯提出来的，人们也常把交换衡量法叫做高斯衡量法。

交换衡量法的具体操作步骤如下。①首先，将被检定的砝码放在天平的一个秤盘内，再把与被检砝码同名义质量的标准砝码放在另一个秤盘内。然后，开启天平，若天平失去平衡，应向较轻的秤盘里加放平衡重物，使天平指针由标牌分度中线向两侧摆动的分度数相等。对于阻尼天平，则应使天平恢复平衡。此后，对于无阻尼器的普通标牌天平，应记录连续的3次读数，对于有阻尼器的分析天平或数字天平，应记录天平的2次静止点读数，并关止天平。②将两秤盘内的砝码分别取出并交换位置。如果秤盘中有平衡重物，应随同砝码一起移动。若交换砝码后，开启天平又失去平衡，则应向较轻的一个秤盘内加放标准小砝码。这个标准小砝码，可以使天平恢复平衡状态。然后，记录指针摆动的3个连续读数或2次静止点读数，关止天平。③如果在此载荷下的天平分度值事先没有测定，可将测天平分度值的标准小砝码加在天平的一个秤盘内，开启天平，读取记录天平的3个连续读数或2次静止点读数。此标准小砝码所改变的天平平衡位置，对于普通标牌天平应不少于3个分度，对于微分标牌天平应不少于20个分度。

但是，一般加放到光学分析天平上的标准小砝码，均能使微分标牌从0位移动至正式分度末尾，如GT2A型天平加10 mg，标牌移动100个分度。

十四、几种精密衡量方法的优缺点

3种精密衡量方法各有千秋，它们具体的优缺点如下。

（一）替代衡量法

替代衡量法的优点是可以消除天平的不等臂性误差对天平衡量结果的影响，精度高而速度快，经常在高精度衡量时使用。缺点是不能减少两臂的不均匀受热。

（二）连续替代衡量法

连续替代衡量法的优点是衡量速度快，但精度低，天平始终在同一秤量下称量，一般适合检定较低等级的砝码时使用。

（三）交换衡量法

交换衡量法的优点是精度高、速度快，能消除天平的不等臂性误差对衡量结果的影响，经常在高精度衡量时使用，此方法也可以减少两臂的不均匀受热。

十五、砝码的计算公式

在JJG99-2006《砝码》国家计量检定规程中，适合基层检定砝码的计算公式和有关说明主要有以下几项。

（一）替代衡量法公式

$$\Delta m = \left(V_{\mathrm{t}} - V_{\mathrm{r}}\right) \times \rho_{a} \pm \Delta I \times \frac{m_{\mathrm{cs}}}{\Delta I_{\mathrm{s}}} \pm m_{\mathrm{w}}$$

$$\Delta m_{\mathrm{c}} = \left(V_{\mathrm{t}} - V_{\mathrm{r}}\right) \times (\rho_{a} - \rho_{0}) \pm \Delta I \times \frac{m_{cs}}{\Delta I_{\mathrm{s}}} \pm m_{\mathrm{cw}}$$

$$d = \frac{m_{\mathrm{cs}}}{\Delta I_{\mathrm{s}}} = \frac{m_{\mathrm{cs}}}{| I_{\mathrm{r+a}} - I_{\mathrm{r}}|}$$

$$m_{\mathrm{et}} = m_{\mathrm{er}} + \Delta m_{\mathrm{c}}$$

$$\Delta I_{i} = \frac{I_{\mathrm{t1i}} - I_{\mathrm{r1i}} - I_{\mathrm{r21}} + I_{\mathrm{t2i}}}{2}$$

$$\Delta I_{\mathrm{i}} = \Delta I_{\mathrm{t1i}} - \frac{I_{\mathrm{t1i}} + I_{\mathrm{t2i}}}{2}$$

式中：Δm_{c}为质量差、通常为被检砝码和标准砝码的质量差值；V_t为被检砝码B的体积；V_{r}为标准砝码A的体积；ρ_{a}为潮湿空气的密度；ρ_0为空气密度的参考值，等于1.2 kg/m^3；I_{t}为被检砝码与配衡物衡量时的平均平衡位置读数；I_{r}为标准砝码与配衡物衡量时的平均平衡位置读数；a为配衡物；d为天平的实际分度值；m_{cw}为使天平平衡而在较轻的天平盘上所添加的标准小砝码的折算质量；m_{cs}为测定天平分度值用的标准小砝码的折算质量；ΔI_{s}为加放测定天平分度值的标准小砝码m时的天平平均平衡位置读数；m_{et}为被检砝码B的折算质量；m_{er}为标准砝码A的折算质量；t为配衡物；B为被检砝码(t)；A为标准砝码(r)；m_1为被检砝码真空中质量；m_r为标准砝码真空中质量；m_{et}为被检砝码B的真空中质量修正值；m_{er}为标准砝码A的真空中质量修正值；ΔI_i为表示测量序列i的差值。

（二）公式中正负号的取法

1. 平衡位置计算项前正负号的取法

当在被检砝码的那侧天平秤盘上添加小砝码时，若天平的平衡位置读数相对于未加放小砝码前的平衡位置读数的代数值增大时，则在平衡位置计算项前取“+”号；否则取“-”号。

2. 标准小砝码m_{cw}前的正负号取法

当标准小砝码m_{cw}与被检砝码加放在同一秤盘时，或者为使配衡物与标准砝码相平衡而在配衡物所在的秤盘上临时添加标准小砝码m_{cw}，其m_{cw}项前的符号应取“-”号；反之则取“+”号。

如果采用其他方法，可参照规程中的有关方法和公式进行工作。

十六、砝码的检定条件

（一）检定室的要求

远离震源和热源；远离磁场干扰；避免阳光照射天平，应选择黑面红里或其他可遮挡阳光的布料做窗帘；检定室的门窗应密封，防止灰尘等对检定的干扰；检定室内应无空调，均不允许有能感觉到的气流；检定室的温度要保持恒定，每4 h的温度波动不得大于0.5 ℃左右；检定室的湿度，应保持在50%～70%RH。

（二）标准计量仪器

1. 砝码

要有高于被检砝码等级的，并与被检砝码量值大小匹配的基准和标准砝码。

2. 天平

天平的大小与数量，要保证被检砝码的检定不受影响。如被检砝码为1 mg～500 g，就要有能检定衡量1 mg～500 g的符合精度要求和载荷要求的标准天平。

如果要选择被检砝码为1 mg～500 g的标准天平，要考虑到组合检定等级砝码误差的要求，应具备相应精度和载荷的天平。还应配备相应精度的温度计、气压计和干湿度计。

第三节 砝码的检定与维修

一、用电子天平检定F等级砝码

根据JJG99-2006《砝码》国家计量检定规程的规定，如果采用双次替代法，一人即可完成F_1等级砝码的检定工作，如果人员富余可以采用单次替代法，即每人检定一次，取两人的算术平均值[①]。

二、用机械天平检定M等级砝码

根据JJG99-2006《砝码》国家计量检定规定规程的相关规定，M等级砝码采用单次替代法。

三、砝码的外观检查

根据JJG99-2006《砝码》国家计量检定规程的规定，砝码应进行外观（表面状况）检查。

砝码的表面状况应使得在正常使用条件下，砝码的质量变化相对于最大允许误差而言是可以忽略不计的；砝码的表面（包括底面和边角）应为平滑的，所有棱边和棱角应修圆；E等级和F等级砝码的表面不应有砂眼，用目力检查时，表面应有光泽。大于或等于1 g的F_2等级砝码，其表面可具有适当的金属镀层或涂层；M等级砝码大于或等于1 g的砝码表面，为了提高砝码的抗腐蚀性和硬度，允许有适当的金属镀层或涂层；M等级的毫克阻砝码不允许有金属镀层或涂层；除中药戥秤的黄铜秤砣不应有镀层外，对于其余M等级砝码，视需要可以有镀层或涂层，表面镀层或涂层应为平滑的，目力检查时，不应有砂眼；对于有镀层或涂层的砝码，其镀层或涂层应能起到提高砝码表面品质的作用，在通常情况下，应能承受正常的冲击、磨损、污染、腐蚀和大气环境等影响，应有一定的牢固度；一般情况下，目力检查就可以了。如有怀疑或争议，采用表11-2中给出的数值。对于大于50 kg的所有等级砝码表面粗糙度最大值可以采用表11-2中数值的两倍。

①王金艳．对天平砝码的检定方法分析[J]．民营科技，2014(09)：36.

表11-2 表面粗糙度的最大值

等级	E_1	E_2	F_1	F_2
R_x/μm	0.5	1	2	5
R_a/μm	0.1	0.2	0.4	0

四、新规程的特点

JJG99-2006《砝码》国家计量检定规程与以前的规程相比主要有以下特点。

(一)采用国际建议

新规程采用了国际建议R111(2004)中砝码的准确度等级及其主要技术指标,统一用折算质量表述砝码质量值。新规程替代了JJG273-1991《工作基准砝码》检定规程和JJG99-1990《砝码》(试行)检定规程,并且取消了原规程中的工作基准砝码、一等砝码、二等砝码和真空质量值。

(二)适用范围

新规程适用于准确度等级为E_1等级、E_2等级、F_1等级、F_2等级,M_1等级、M_{12}等级、M_2等级、M_{23}等级和M_3等级的1 mg至5 000 kg砝码。并且适用于各种砝码的首次检定(修理后的检定视同首次检定)及后续检定。

(三)磁化率

新规程增加了砝码磁化率的考核,磁化率不合格的砝码不能检定或使用。

五、砝码重了的修理

砝码重了,首先要将可调整砝码的头取下,也叫砝码头,这种情况只对砝码体带有调整腔的砝码而言,实心体砝码不在讨论之内。如果旋下砝码头,砝码调整腔内还有调整物,可以适当取出一部分,直至砝码合格为止。若砝码的调整腔内已无调整物了,应用什锦锉等磨挫砝码头的底部,也可以用细砂纸磨,直至修理合格为止。

天平上的机械挂砝码超重,有调整腔的参照上述方法调试,没有调整腔的砝码,应用金相砂纸轻轻擦磨一下即可。注意磨量要小,避免因擦磨过多而使砝码变轻造成砝码报废。

六、砝码轻了的调修

砝码经过使用和磨损，很容易变轻而超过允许误差。如果一个砝码经过检定后，确认其质量轻了多少，可预先在微量天平上称好缺少部分的质量的铜丝等，然后将需要调修的砝码头，从砝码体上旋下，并把称好的细铜丝放入砝码的调整腔内，同时再将砝码头旋紧。如果碰上用手无法旋动的砝码头时，先将两块胶皮垫在砝码头的两侧，以防台钳夹伤砝码头，然后拧紧台钳夹住砝码头时，再用手旋动砝码体，将台钳松开取下砝码使其头部向上，再旋开砝码头，使其调整腔内的物质不容易遗失。

另外，机械挂砝码若轻了，只能更换合格的砝码。若带调整腔，可按上述方法进行调整。

无论砝码轻了还是重了，调修完毕后，应重新进行清洗、恒温及检定，以确保砝码处于合格状态。

七、用替代法进行精密称量

精密衡量法作为精密物质的称量方法被广泛采用，尤其是替代衡量法。此种方法可以有效减少衡量仪器等带来的误差，更加准确地称量物质，是精密称量中，尤其是标准物质称量中经常使用的一种精密衡量法。

（一）机械天平上如何进行替代法称量

首先选择合格并且符合要求精度的机械天平；用天平上的机械砝码或盒装砝码与盛放被称物质的器皿平衡并记录读数值；将被称物质大小的标准砝码（E_1等级或E_2等级）放到天平秤盘上，加减天平上机械或盒装砝码至平衡时为止并记录读数值；取下E_1等级或E_2等级砝码，向器皿中缓慢加放被称物品，直至加放到上述E_1等级或E_2等级砝码平衡位置时为止。必要时可考虑利用E_1等级或E_2等级砝码的修正值进行称量。上述方法为机械天平的替代法称量。

（二）电子天平上如何用替代法进行称量

电子天平符合精度要求并处于合格状态；电子天平按照说明书的时间进行预热；电子天平应处于水平状态；对电子天平进行内校或外校；将盛放物品的器皿放置在天平秤盘上；按“TARE”去皮键去皮重使天平为零；将E_1或E_2等级砝码（符合称量物质质量）放在天平的秤盘上，并记录读数，也可按去皮键重新归零；取下E_1等级或E_2等级砝码，并向器皿中缓慢加放被称物品，直至加到上述E_1等级或E_2等级砝码平衡位置时为止，必要时可参考E_1或E_2砝码的修正值进行称量。

八、常用砝码的材料密度

目前，常用的砝码是由几种有限的合金材料制造的，密度的精确值依赖于合金中各成分的相对比例。如果生产厂家始终采用相同的合金材料制造某些等级的砝码，且其密度在以前测量过，那么就可以采用该已知密度值。

九、砝码调修注意事项

在砝码调修中应当注意以下几点。

对于相应等级的砝码，未能达到相应等级误差要求的砝码要进行必要的调整，直至符合要求为止。

对E等级砝码应采用打磨、研磨或适当的方法进行调修，直至符合E等级要求为止。

对F等级砝码应采用打磨、研磨或适当的方法进行调修，调修时应不改变砝码表面的状况。对于带调整腔的砝码，可以采用生产砝码的同种材料或锡、铜和钨材料进行调整，直至调修合格为止。

对于M等级砝码的调修：①1～100 mg的薄片或丝状砝码应采用剪切、打磨、研磨和切削等方法进行调整，如果有调整腔，可打磨或添加铅片等金属材料来进行调修；②100 g及其以上的砝码可采用打磨或添加铅片等金属材料进行调整；③用于调修砝码的材质应是保持其质量和结构的固体材料，调整材质在砝码体内不应发生质量和形状的任何改变（化学的或电子的）。

十、砝码的检定周期

砝码的检定周期应视砝码的等级而言。

国家千克原器的检定比对周期为30年左右；E_1等级千克组砝码的检定周期为5年；E_1等级单个砝码、克组、毫克组和微克级砝码的检定周期为2年；E_2等级千克组、F_1等级千克组的实心砝码的检定周期为2年；除上述以外的各等级砝码的检定周期为1年；使用频繁的或在恶劣环境下使用的砝码，检定周期应缩短；砝码摔碰或对砝码的磁性发生怀疑时，应当立即送检;专用砝码的检定周期应遵循其相关设备检定规程的规定;当对砝码的磁性产生怀疑时,应当及时送检。砝码检定合格的发给检定证书,不合格的发给检定结果通知书。

十一、使用与维护保养砝码

砝码质量的准确与否和寿命长短,与我们日常的正确使用和精心维护是分不开的。

(一)砝码的正确使用

使用砝码时要用镊子夹取,不得赤手拿取;夹取砝码时要小心操作,不要损伤或跌落摔伤砝码,以免影响砝码的准确性;不易用镊子夹取的大砝码,可以戴上手套或用麂皮、绸布等垫着手拿取,并要轻拿轻放,不得碰撞;不允许使用金属头的镊子夹取砝码,避免砝码的磨损;如果同时使用两组砝码时,切忌放混;砝码使用完毕后,应放回砝码盒内的相应位置里。

(二)砝码的维护与保养

定期清洗或清除砝码表面的灰尘和污垢;砝码要定期检定或检查,不准超周期使用,一般砝码的检定周期为1年;标准砝码应该放置在专用的玻璃柜或干燥器皿内,并放入变色硅胶,以保持砝码的清洁干燥;普通工作用的砝码也要妥善保管,避免受潮和损坏;当砝码放混、落地或损坏时应该及时送检和修理,不准继续使用。

十二、常用质量单位

工作中经常使用的质量单位有微克(μg)、毫克(mg)、克(g)、公斤(kg)、吨(t)、克拉(ct)和金衡盎司(ozt)等。它们之间的换算关系如下:

$$1\ \text{t}=1\ 000\ \text{kg}=1\ 000\ 000\ \text{g}=1\times10^{6}\ \text{g}$$

$$1\ \text{kg}=1\ 000\ \text{g}=1\times10^{3}\ \text{g}$$

$$1\ \text{g}=1\ 000\ \text{mg}=1\times10^{3}\ \text{mg}$$

$$1\ \text{mg}=1\ 000\ \mu\text{g}=1\times10^{3}\ \mu\text{g}$$

1 g=5 ct(克拉)

1 ct=0.2 g=200 mg

1 ozt=31.25 g(金衡盎司)

参考文献

REFERENCES

[1]安爱民，王平，钱悦磊.JJG781-2019《数字指示轨道衡检定规程》解读[J].中国计量，2021(02):130-135.

[2]毕小亮.浅谈电子衡器称重传感器的常见故障与处理[J].衡器，2014，43(02):42-44.

[3]蔡常青.我国非自动衡器型式试验的现状与发展[J].现代计量测试，2000(01):63-65.

[4]陈韫仪.试论检测数据的处理[J].福建轻纺，2012(04):41-43.

[5]邓小伟.数字指示秤常用调试方法解析[J].衡器，2014，43(12):39-40.

[6]杜近梨，郭芳.质点运动的描述[J].石家庄职业技术学院学报，2002(02):6-8.

[7]官子贺.机械天平的正确操作[J].品牌与标准化，2010(18):45.

[8]侯传嘉.物理化学领域的化学计量[J].中国计量，2020(12):61-68.

[9]郎元.台秤的工作原理及检定[J].黑龙江科技信息，2015(32):38.

[10]李惠生.判别结构平衡状态稳定性的能量准则[J].教学与科技，1986(01):22-30.

[11]李正坤，张钟华，王健.质量单位——千克的重新定义[J].中国计量，2018(07):8-9+16.

[12]林红，甘文胜，曾腾.物理实验中系统误差的判定与减小[J].海南师范大学学报(自然科学版)，2014，27(03):347-349.

[13]马严安，王娜，郭虎波.质量比较仪在砝码检定中的应用[J].衡器，

2021,50(08):27-31.

[14]任华苗.数字指示秤计量检定中的技术问题与措施研究[J].仪器仪表标准化与计量,2021(03):47-48.

[15]宋玉.弹簧度盘秤的装配调试、使用和故障排除[J].黑龙江科技信息,2015(32):32.

[16]孙鹏龙,何开宇,卜晓雪.专用砝码校准与测量值的不确定度评定[J].计量与测试技术,2017,44(12):60-61.

[17]王海军.杠杆式高精度力源技术研究[D].长春:吉林大学,2014:30-31.

[18]王金艳.对天平砝码的检定方法分析[J].民营科技,2014(09):36.

[19]王坤.依据新规程检定机械天平的注意事项[J].中国计量,2020(04):125+132.

[20]王立群.简述电子天平的工作原理[J].黑龙江科技信息,2013(16):17.

[21]王硕.数字指示秤检定误差要素来源和应对措施[J].信息记录材料,2019,20(03):210-212.

[22]王威.重力式自动装料衡器的工作原理和常见故障处理[J].衡器,2019,48(12):49-50.

[23]王威.重力式自动装料衡器的工作原理和常见故障处理[J].衡器,2019,48(12):49-50.

[24]魏忠玲.浅谈检定电子天平的几点体会[J].计量与测试技术,2011,38(07):51.

[25]温玉琴.浅谈电工仪表的测量误差与消除办法[J].通讯世界,2013(11):116-118.

[26]夏淇.动态电子轨道衡系统分析与实现[J].科技创新与应用,2021(05):90-92+96.

[27]尹雪,陈楠.力学计量仪器检定方式及细节问题研究[J].中国设备工程,2020(22):158-159.

[28]袁广财,郭树德.质量计量器具及其检定系统分析[J].黑龙江科技信息,2013(22):44.

[29]张海霞.新型便携式电子秤研究[D].长沙:湖南大学,2005:40-41.

[30]张强.最小二乘法原理及其处理方法的探讨[J].计量与测试技术,2020,47(04):75-76.

[31]张宇.弹簧度盘秤的检定技术探讨[J].黑龙江科技信息,2015(32):35.

[32]赵文涛.自动装料衡器的检定和使用中检验[J].黑龙江科技信息,2016(13):27.

[33]周慧芬.电子天平的使用校验及维护[J].科技风,2017(02):68.

[34]朱思维.电子皮带秤的故障处理和精度控制[J].衡器,2013,42(10):32-38+51.

[35]邹濛.案秤的安装调试和故障排除[J].黑龙江科技信息,2012(30):24.

[36]周雨青,刘甦,董科等.大学物理[M].南京东南大学出版社:2019:60-61.